엄마도 아이도 즐거운

이유식 다이어리

길벗

PREFACE

엄마가 되고 떨리는 마음으로 이유식을 시작해보며 한 글자 한 글자 써 내려갔던 이유식 노트와 메모들을 잊을 수 없습니다. A4 용지에 나만의 계획표대로 프린트해서 한 달치씩 뽑아서 썼던 때가 생각납니다.
용희가 잘 먹는 이유식은 기분이 좋아 스마일 그림을 몇 개씩이나 그렸고, 영양이 좋은데 잘 안 먹는 이유식은 속상해서 계속 다시 해보다가 결국 이유식 책까지 낼 수 있었답니다. 아이가 잠들었을 때 노트를 가만히 들여보다 보면 내가 엄마로서 무언가를 하고 있구나 싶어 뿌듯하면서도 아이와의 교감이 느껴지는 뭉클함이 있었습니다. 그 기분을 함께 느끼고 싶어 이유식 다이어리를 만들게 되었어요.
유아식을 시작했을 때 용희가 버섯을 참 잘 먹었는데 노트를 다시 꺼내 보며 이유식 때 버섯을 많이 먹여서 그런 게 아닌가 하며 내심 기분이 좋았답니다. 또 시금치 반찬을 참 안 먹는데 이유식 때 많이 먹여놔서 다행이다 한답니다. 너무 긍정적인 마인드인가요? 내 아이의 건강을 위한 하루하루의 노력. 엄마가 되고 첫 다이어리였던 이유식 노트를 이유식 정보와 함께 공유하고 싶습니다.
세상의 모든 엄마들 오늘도 화이팅!

2020년 7월

소유진

attach picture

우리 아기 프로필

- 아기 이름
  Name
- 성별
  Gender
- 생일
  Birthday
- 띠
  Chinese zodiac sign
- 키
  Height
- 몸무게
  Weight
- 혈액형
  Blood type
- 태어난 곳
  Place of birth

우리 아기 표준 성장 발달

개월수	남자 아기		여자 아기	
월령	키(cm)	몸무게(kg)	키(cm)	몸무게(kg)
0	49.9	3.3	49.1	3.2
1	54.7	4.5	53.7	4.2
2	58.4	5.6	57.1	5.1
3	61.4	6.4	59.8	5.8
4	63.9	7.0	62.1	6.4
5	65.9	7.5	64.0	6.9
6	67.6	7.9	65.7	7.3
7	69.2	8.3	67.3	7.6
8	70.6	8.6	68.7	7.9
9	72.0	8.9	70.1	8.2
10	73.3	9.2	71.5	8.5
11	74.5	9.4	72.8	8.7
12	75.7	9.6	74.0	8.9
13	76.9	9.9	75.2	9.2
14	78.0	10.1	76.4	9.4
15	79.1	10.3	77.5	9.6
16	80.2	10.5	78.6	9.8
17	81.2	10.7	79.7	10.0
18	82.3	10.9	80.7	10.2
19	83.2	11.1	81.7	10.4
20	84.2	11.3	82.7	10.6
21	85.1	11.5	83.7	10.9
22	86.0	11.8	84.6	11.1
23	86.9	12.0	85.5	11.3
24	87.1	12.2	85.7	11.5

※이 표는 질병관리본부가 제공하는 2017년 소아 청소년 표준 성장도표를 기준으로 작성되었습니다.

우리 아기 키 성장 그래프

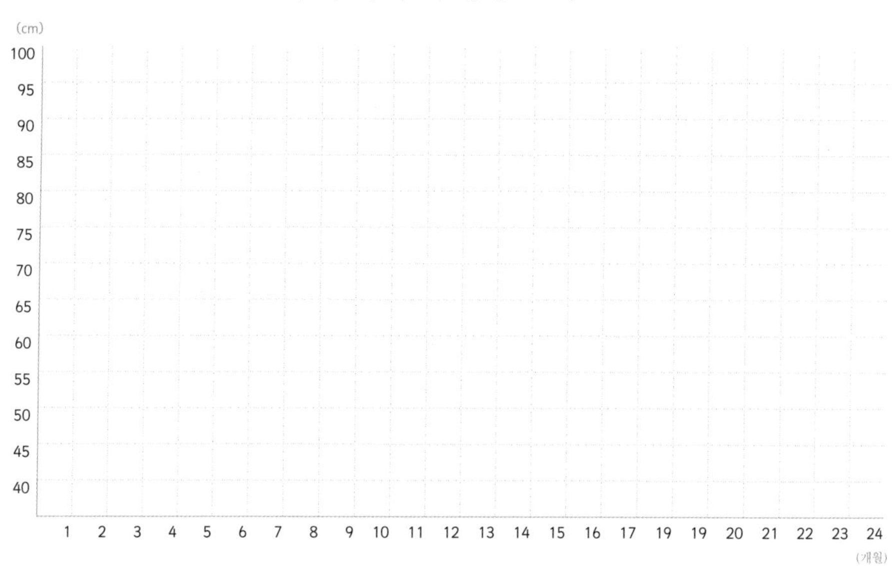

우리 아기 몸무게 성장 그래프

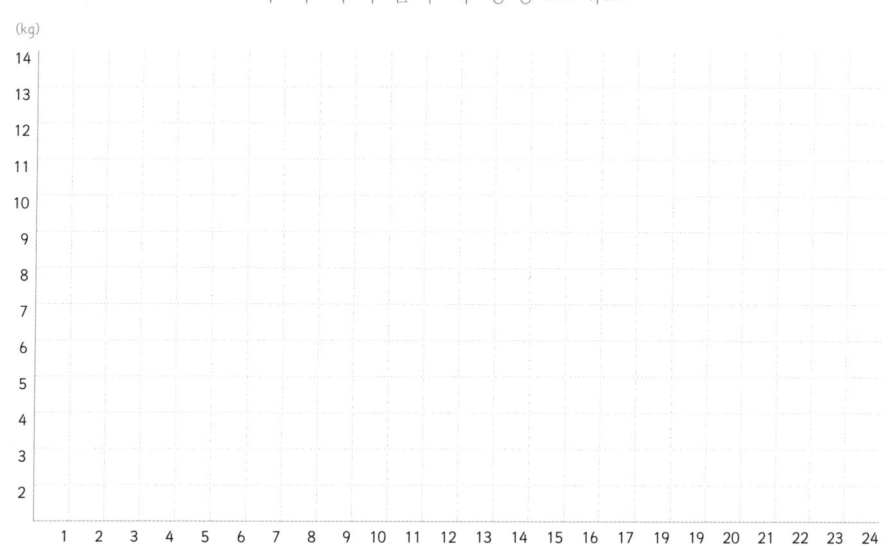

COLUMN

이유식이란 뭘까요?

이유식이란 아기가 태어나 모유나 분유만 먹다가 바로 밥을 먹을 수 없어 죽(미음)부터 시작하여 서서히 밥으로 넘어가는 과정의 음식을 이야기해요.
이유식은 쌀죽을 곱게 갈아 모유나 분유의 묽기보다 점도가 조금 더 있는 질감의 맑은 유동식(미음)으로 시작하며 하루 한 번, 한 숟가락에서 점차 섭취량과 횟수를 늘려갑니다.
이 쌀죽을 기본으로 3~4일에 한 번씩 채소, 고기, 과일 등의 식품을 첨가하며 알레르기 반응이나 소화에 문제가 없는지 살펴봐 주세요. 점점 먹을 수 있는 식품군을 늘려가고, 이유식 횟수도 아이가 먹을 수 있는 만큼 빨리 늘려나가는 것이 좋습니다. 질감도 미음에서 묽은 죽, 진밥으로 점차 되직하게 만들어 주세요.
처음에는 이유식과 수유를 붙여 먹이다가 아이가 이유식에 어느 정도 적응하면(약 7~9개월) 이유식과 수유를 따로 먹이고, 수유량은 이유식량이 늘어감에 따라 서서히 줄여나갑니다. 일반적으로 돌 무렵이 되면 밥과 반찬이 주식이 되어 하루 필요한 에너지의 70% 정도를 이유식으로 섭취할 수 있어요.
밥과 반찬의 형태로 이유식이 진행되는 경우 성인의 식사보다 충분히 익히고 부드럽게, 자극적이지 않게, 조금 더 작게 조리해서 먹이면 두 돌 이후에는 성인들이 먹는 음식을 함께 먹을 수 있습니다.

이유식은 언제 시작해야 할까요?

신생아는 빨기, 삼키기, 찾기 등 원시 적응반사(primitive adaptive reflexes) 행동을 가지고 있습니다. 이는 생존을 위한 기전으로, 모유나 분유 등 액체 음식물을 먹는 데 도움이 된다고 해요.
아이들은 4~6개월부터 반고형 음식(묽은 이유식)을 먹을 만큼 생리적 발달이 이루어집니다. 일반적으로 모유를 먹은 아이는 만 6개월부터, 분유를 먹은 아이는 만 4~6개월부터 이유식을 권장합니다. 하지만 이유식을 시작하는 시기는 아이의 개별적인 성장 발달 양상에 따라 다르니 아이가 이유식을 시작할 준비가 되어 있는지를 살펴봐야 해요.
생후 4~6개월까지는 소화기관이 충분히 발달하지 못하기 때문에 너무 성급하게 이유식을 먹이면 소화 흡수 문제나 식품 알레르기 위험이 있을 수 있어요. 또한 모유나 분유에서 얻을 수 있는 칼로리 및 영양소 섭취가 부족해질 수 있으므로 차근차근 아이의 발달과 함께 이유식을 시작해주세요.

다음은 이유식을 시작하는 시기를 알려주는 아이의 신호입니다.

- 출생 시 체중보다 2배가 되었다.
- 한 번에 먹는 모유나 분유의 양이 240ml 이상이고, 먹은 지 4시간 이내에 배고픔을 느낀다.
- 하루에 8번 이상 수유를 해야 한다거나 하루에 960ml 이상을 먹는다.

이유식을 시작할 때 잘 먹을지 걱정도 되겠지만 아이에게 먹는 즐거움을 알려준다는 마음으로 엄마와 아이 모두 새로운 변화를 맞이해 보세요.

아이가 이유식을 제 때 잘 먹어야 하는 이유는 무엇일까요?

첫째, 생명유지 및 성장발달에 필요한 영양을 공급 받기 위해서입니다.

태어나서 1년까지를 영아기라고 합니다. 일생 중 성장이 가장 빠른 시기로 영양 섭취가 매우 중요해요. 이 시기의 아이들은 생명 유지 및 성장 발육으로 인해 체중(kg)당 영양소 필요량이 성인보다 큽니다. 그래서 섭취한 칼로리의 85~90%는 체조직 유지와 성장에 사용되고, 10~15%만 활동을 위한 에너지로 사용됩니다.

미국 소아과학회 영양위원회는 "생후 1년까지는 모유 영양이 권장되며 출생 시부터는 비타민 D를, 생후 4개월부터는 철분을 추가 섭취할 것을 권장한다"는 지침을 제시하고 있어요.

신생아는 모유나 분유만으로 성장 발달에 필요한 모든 영양소를 공급받을 수 있지만, 생후 6개월이 지나면 다른 음식물을 통해 필요한 영양소를 추가적으로 공급해야 합니다.

탄수화물		영아는 에너지 총 사용량의 60%를 두뇌가 사용하는데, 뇌에 필요한 에너지는 탄수화물을 통해 충분히 공급받아야 합니다.
단백질		영아기에는 11가지 필수아미노산이 함유된 완전 단백질 섭취가 중요하며, 이 중 히스티딘은 영아기에만 필요한 필수아미노산입니다.
수분		영아는 성인에 비해 피부와 호흡기를 통한 수분 손실이 많고 신장 기능이 미숙하여 무엇보다 충분한 수분 공급이 필요합니다.
무기질	**철분**	철분은 배속에 있을 때 엄마로부터 받아 저장하고 있다가 생후 6개월이 되면 모두 고갈되므로 이 시기에 이유식을 통한 철분 보충이 매우 중요합니다.(조산아의 경우 정상 분만아보다 철분 저장이 불충분하기 때문에 일찍부터 보충할 것을 권장합니다.)

무기질	아연	아연은 영아의 성장, 발달에 매우 중요하며 철분과 다르게 출생 시 체내에 저장되어 있지 않으므로 음식을 통한 보충이 필요합니다.
	칼슘	영아기는 골격이 급속도로 성장하므로 뼈 성장을 위한 칼슘의 필요량이 높습니다.
비타민		영아기는 빠른 성장으로 인해 비타민 B군과 엽산을 충분히 섭취해야 합니다.

모유나 분유 이외에 이유식을 통해 철분과 아연이 풍부하고 단백질이 많은 고기류, 활발한 두뇌 활동을 위한 탄수화물, 비타민과 무기질이 풍부한 채소와 과일을 섭취함으로써 아이에게 필요한 영양소를 공급해주어야 해요.

둘째, 아이에게는 음식을 먹는 연습이 필요해요.

이유식 초기에는 분유보다 점도가 조금 더 있는 정도의 미음으로 시작하다가 완료기인 돌에서 두 돌 사이에는 밥과 반찬이 주식인 성인과 비슷한 밥을 먹게 됩니다. 이 과정에서 아이가 잘 먹지 못한다고 죽처럼 계속 갈아서 먹이고 좋아하는 음식만 주거나 불규칙하게 먹이면 아이는 바른 식습관을 갖기 어려워요. 채소와 고기 등 몸에 좋은 음식을 골고루 먹는 식습관을 길들이려면 어릴 때 식품에 대한 다양한 경험이 가장 중요합니다. 배고플 때 먹고, 배가 부르면 먹지 않기, 다 먹을 때까지 자리에 앉아서 먹기 등 기본적인 식습관 역시 연습과 반복을 통해 이루어질 수 있어요.

셋째, 이유식은 아이의 두뇌 발달에 중요해요.

이유식을 통해 두뇌 발달에 필요한 영양소를 충분히 공급하는 것은 물론, 음식을 집고 먹는 근육 활동, 씹는 저작 작용은 두뇌를 직접 자극하여 아이들의 두뇌 발달을 촉진해요. 또한 음식을 스스로 선택하는 것은 고차원의 두뇌 활동이 필요한 작업이며 다양한 식품의 맛과 향, 식감 등의 자극은 아이들의 두뇌 발달에 큰 영향을 미치므로 이유식을 꼭 먹여야 합니다.

COLUMN

이유식을 만들어 먹이면 왜 좋을까요?

육아도 바쁜데 이유식까지 만들어 먹이라고? 이런 분들은 부담을 조금 줄여 보세요. 이유식은 맛있게 만들어야 하는 요리라기보다 성장 발달에 꼭 필요한 하나의 단계이며 엄마와 아이 사이의 깊은 유대감 형성을 위한 둘만의 시간이라는 것을 기억해두세요.
잘 안 먹을까 봐, 영양이 부족할까 봐 걱정하기보다 재료를 하나씩 첨가하며 먹이는 과정을 통해 아이의 소화 기능 발달이나 알레르기에 대해 알 수 있는 중요한 과정이라고 생각해보세요.

이유식을 직접 만들어 먹이면 다음과 같은 장점이 있어요!

1) 두뇌 발달에 도움을 줍니다.

아이는 어른과 달리 매일매일 성장합니다. 오늘의 내 아이는 어제의 내 아이와 다른 변화를 경험하고 있습니다. 아이들에게 새로움은 자극이 되어 두뇌 발달을 자극합니다. 다채로운 식재료를 통해 맛, 향기, 질감 등을 경험하면 아이의 두뇌발달에 도움이 됩니다.

2) 아이의 정서 안정에 도움을 줍니다.

엄마가 만들어주는 다양한 음식은 아이에게 더할 나위 없는 즐거움입니다.

두 돌쯤 되어 아이가 말로 표현할 수 있게 되면 이유식을 함께 만들 수도 있어요. 이런 경험을 통해 아이는 편식을 예방하고 밥을 더 잘 먹는 아이가 됩니다. 이유식을 먹는 시기는 아이의 평생에 다양한 음식을 즐겁게 경험할 수 있는 토대가 되어줄 중요한 시기이므로 엄마와 아이가 추억을 만든다는 생각으로 만들어주세요.

이유식 다이어리 왜 필요할까요?

이유식은 아이에게 먹는 즐거움을 알려줌과 동시에 건강한 성장 발달을 위한 필수 과정이라 할 수 있어요. 아이의 발달 상황에 따라 이유식도 달라져야 하고, 아이가 성장함에 따라 이유식도 발전해나가야 합니다. 가장 중요한 부분은 새로운 식품을 시작할 때, 알레르기 반응이 나타나는지를 아는 것이에요. 아이의 개월수, 컨디션(아픈 곳 등), 발달 상황을 기록하고 새롭게 시작한 식재료는 무엇인지, 특이 사항은 없었는지(알레르기, 구토 등의 증상 유무), 잘 먹었는지, 양은 늘고 있는지 등을 작성하는 것은 아이의 발달을 체크해볼 수 있는 중요한 자료가 될거예요.

이유식 꼭 알고 먹이세요!

- 아이에게 먹는 즐거움을 알려주는 시간입니다.
- 이유식은 아이의 발달 상황에 따라 생후 만 6개월이 넘지 않도록 시작해주세요.
- 새로운 재료는 2~7일 간격으로 추가해주세요.
- 이유식 다이어리를 작성하며 아이가 이유식에 잘 적응하고 있는지 확인하세요.
- 이유식은 식사 예절을 배우고 두뇌를 발달시키는 중요한 과정입니다.

HOW TO MEASURE

시기별 이유식 특징을 알아볼까요!

	이유식 초기	이유식 중기
개월수	만 4~6개월 (분유 수유아 만 4개월, 모유 수유아 만 5개월)	만 7~9개월
치아 수	0개	2~4개
이유식 횟수	이유식: 1일 1~2회 모유/분유: 5회(600~1000ml)	이유식: 1일 2회 간식: 1회 모유/분유: 3~5회(500~800ml)
조리 형태 및 섭취량	8~10배 미음 한 끼 30~80g	6배 죽 한 끼 80~120g
완성 형태	모든 재료를 믹서에 간다. **수프보다 묽으며** **알갱이가 없는 형태의 미음**	거의 모든 재료를 절구, 강판에 갈거나 칼로 잘게 다진다. **잔 알갱이가 있는 죽 형태**
재료 형태	**쌀** 주르륵 흘러내리는 묽은 수프 형태 	**쌀** 작은 알갱이가 있으며 덩어리째 뚝뚝 떨어지는 형태 
	양배추 잎 부분만 삶아서 믹서에 갈았으며, 알갱이 없이 주르륵 흘러내리는 형태 	**양배추** 잎 부분만 삶아서 절구에 곱게 갈았으며, 자잘한 알갱이가 있는 형태 
	단호박 껍질을 벗기고 삶아서 믹서에 갈았으며, 알갱이 없이 주르륵 흘러내리는 형태 	**단호박** 껍질을 벗기고 삶아서 절구에 곱게 으깼으며, 뭉글하게 으깨진 형태 
	쇠고기 핏물을 빼고 삶아서 믹서에 갈았으며, 알갱이 없이 주르륵 흘러내리는 형태 	**쇠고기** 핏물을 빼고 삶아서 잘게 다진 뒤 절구에 곱게 갈았으며, 자잘한 알갱이가 있는 형태 

이유식 후기	이유식 완료기
만 10~12개월	만 12개월 이후
4~8개	8~10개
이유식: 1일 3회 간식: 2회 모유/분유: 2~3회(500~600ml)	이유식: 1일 3회 간식: 2회 모유/분유: 0~2회(400ml 이하)
4배 무른 밥 한 끼 120~150g	2배 진밥 한 끼 120~180g
거의 모든 재료를 잘게 다진다. **알갱이가 있는 무른 밥 형태. 질긴 껍질, 딱딱하거나 너무 큰 알갱이 제외**	재료를 다진다. **어른이 먹는 밥보다 진 형태**
쌀 밥알의 모양은 보이지만 혀와 잇몸으로 으깰 수 있을 만큼 푹 무른 형태	**쌀** 진밥의 형태 
양배추 잎 부분만 삶아서 칼로 잘게 다졌으며, 작은 알갱이가 있는 형태	**양배추** 잎 부분만 삶아서 칼로 다졌으며, 후기보다 굵은 알갱이가 있는 형태 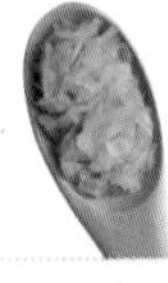
단호박 껍질을 벗기고 삶아서 칼등이나 숟가락으로 으깼으며, 작은 알갱이가 있는 형태	**단호박** 껍질을 벗기고 삶아서 칼등이나 숟가락으로 대충 으깼으며, 알갱이가 있는 형태 
쇠고기 핏물을 빼고 삶아서 칼로 잘게 다졌으며, 작은 알갱이가 있는 형태	**쇠고기** 핏물을 빼고 삶아서 칼로 다졌으며, 몽글몽글한 알갱이가 있는 형태 

월령별 사용 식재료를 알아볼까요?

식품군	초기(만 4~6개월)	중기(만 7~9개월)
곡류	쌀, 찹쌀	수수, 현미, 오트밀, 차조, 보리, 밀가루, 옥수수
육류	쇠고기, 닭고기(살코기만 사용 가능)	쇠고기, 닭고기(살코기만 사용 가능)
생선류	대구, 도미 등 흰살 생선(6개월부터 추천)	흰살 생선, 연어
난류	–	달걀노른자
콩류	두부, 완두콩, 강낭콩(6개월부터 추천)	대부분의 콩류 가능(중기 후반)
유제품	–	아이용 슬라이스 치즈 (중기 후반, 나트륨 함량 주의)
해조류	–	파래, 미역(잘게 다져 사용), 다시마(육수에 사용)
채소류	고구마, 감자, 단호박, 오이, 콜리플라워, 애호박, 브로콜리, 양배추, 청경채	아욱, 배추, 양파, 무, 당근, 우엉, 시금치, 버섯류
과일류	바나나, 아보카도, 배	사과, 참외(씨 제외), 자두, 블루베리 등
견과류, 유지류	–	밤, 참기름 (소량 사용 가능)

- 과일류 : 중기 이유식까지 소량으로 익혀서 먹여요. 키위, 망고 등은 알레르기 반응에 주의하세요.
- 해조류 : 미역, 김 등은 요오드 성분이 많으므로 소량만 주세요.
- 조개류 : 부모가 알레르기가 있다면 두 돌 이후부터 소량 섭취하고, 5일 정도 알레르기가 있는지 지켜보세요.
- 양념류 : 두 돌까지 사용하지 않는 것이 좋아요.

이유식을 시작하기에 앞서 엄마들은 어느 시기에 어떤 재료를 먹여야 하는지를 가장 궁금해합니다. 이 시기에 이 재료를 먹여도 되는지 아무래도 걱정이 많이 되죠. 아이의 성장 발달에 따라 다르지만 크게 초기, 중기, 후기, 완료기로 나눠 먹여도 되는 식재료를 식품군별로 구분해봤어요.

후기(만 10~12개월)	완료기(만 12개월 이후)
대부분의 곡류 가능	대부분의 곡류 가능(면류 섭취 가능)
돼지고기 포함 대부분의 육류 가능(살코기만 가능)	대부분의 육류 가능
흰살 생선 , 등푸른 생선 (후기 후반부터 주의하여 섭취)	흰살 생선, 등푸른 생선, 오징어, 날치알, 게, 새우, 조개류 등
달걀노른자, 메추리알노른자	달걀흰자
대부분의 콩류 가능	대부분의 콩류 가능
치즈, 플레인 요거트 (당류와 나트륨 함량 주의)	우유, 생크림, 버터 등을 포함한 모든 유제품
멸치, 김 등(물에 불려 잘게 다져 사용)	대부분의 해조류(짠맛 주의, 소량 사용)
적채, 비트, 콩나물, 아스파라거스 , 연근 등 (잘게 다지고 푹 익히기)	무순, 고사리, 피망, 깻잎, 가지, 토란, 죽순 등 대부분의 채소
포도, 감 등(으깨서 줄 것)	딸기, 키위, 파인애플, 멜론, 토마토 등 대부분의 과일
참깨, 들깨, 참기름, 올리브유 등(소량 사용)	호두(잘게 다져 사용), 버터류

• 어묵, 햄, 소시지, 게맛살, 참치 등 가공식품은 두 돌 이후 부터 소량만 주세요.
• 견과류는 삼킬 때 조심하도록 잘게 다지고, 땅콩이나 아몬드는 알레르기 위험이 크므로 24개월 이후에 사용하세요.
• 튀김 등 기름을 다량 사용하는 메뉴는 섭취에 주의하세요.
• 도토리묵, 시리얼, 양념류 소량 사용 가능.
• 선식, 미숫가루 등 혼합 잡곡은 24개월 이후 먹이세요.

HOW TO MEASURE

서로 잘 어울리는 재료를 찾아볼까요?

이유식을 시작할 때는 식재료의 알레르기 반응에 주의하여 하나의 재료를 하나씩 섭취해야 하지만, 후기 이유식을 진행할 때쯤 다양한 음식을 먹을 수 있게 되면 어떤 것들을 함께 먹여야 할지 고민이 많이 됩니다.
그럴 때 표를 참고해보세요. 꼭 먹여야 하는 단백질군과 잘 어울리는 재료들을 특징에 따라 구분해두었어요. 이유식 레시피가 따로 없어도 영양학적으로 잘 맞는 재료들을 섞어 내 아이를 위한 이유식을 만들어주면 어떨까요?

성장 발달에 필수적인 양질의 단백질 식품과 잘 어울리는 이유식 재료

단백질군	재료 특징	좋은 궁합
쇠고기	필수아미노산과 철분이 풍부해 면역력 증가와 빈혈 예방, 뼈 건강에 좋은 이유식의 필수 재료	달걀, 콩, 피망, 시금치, 토마토, 브로콜리, 청경채, 양배추, 우엉, 배, 해조류, 옥수수
닭고기	단백질 함유량이 높고 면역력 향상에 도움을 주는 비타민 A(레티놀) 성분이 쇠고기나 돼지고기보다 월등히 높은 재료	당근, 단호박, 시금치, 청경채, 오이, 브로콜리, 부추 , 아스파라거스, 무, 우엉
돼지고기	에너지 대사를 도와주는 비타민 B_1이 풍부해서 성장 발달 및 피로 회복에 좋은 재료	마늘, 무, 배추, 양파, 양배추, 오이, 피망, 감자, 가지, 표고버섯, 강낭콩, 옥수수, 우엉, 사과
달걀	소화 흡수율이 높은 양질의 단백질 식품으로 다양하게 사용하기 좋은 재료	감자, 애호박, 당근, 양파, 다시마 등
두부	대두로 만들어 필수아미노산이 풍부하고 올리고당이 들어 있어서 장내유익균의 먹이가 되어주는 재료	돼지고기, 무, 새우 등

STEP ONE

초기 이유식 1단계를 소개합니다
(10배 미음/생후 만 4~5개월)

아기가 세상에 태어나 가장 먼저 시작하는 음식이 이유식이지요. 엄마 젖이나 분유만 먹던 아기에게 이유식은 새로운 출발이자 도전이 아닐까 생각해요. 이유식의 가장 큰 목적은 다양한 음식을 맛보면서 어른처럼 고형식을 먹을 수 있도록 훈련하는 거예요. 모든 자연 식품에는 알레르기 반응을 일으키는 요소가 있는데, 이때 아기에게 이상 반응이 있는지 살펴보는 게 중요해요.
보통 이유식의 순서는 가장 부족해지기 쉬운 영양소인 철분 보충을 위해서 쌀미음-고기-야채 순서로 진행하는 것이 좋다고 하는데 이유식 시기가 이를 때는 아기의 소화가 걱정 되서 야채를 활용한 이유식으로 시작했어요.
이유식은 하루에 몇 번, 얼마나 먹여야 할까? 어른처럼 하루 세 번 먹여야 하는 건가, 아니면 아기가 달라고 할 때마다 주는 건가? 이유식을 준비하면서 가장 궁금한 부분이었어요. 전문가 선생님께 여쭤봤더니, 대개 초기 이유식은 하루에 1회, 1회 30~60g의 양이 적당하고, 모유나 분유는 600~1000를ml 먹이라고 하시더군요. 아기가 이유식을 잘 먹는다고 한꺼번에 많은 양을 주면 영양 불균형이 생길 수 있으니 정해진 시간에 정해진 양을 먹여야 한다고 하셨어요. 한 가지 더! 가능하면 이유식을 먹이는 시간도 일정하게 정해 놓는 편이 좋대요.

초기 이유식 1단계 POINT

이유식 비율	이유식 형태	이유식 횟수	이유식 섭취량	총수유량
불린 쌀 : 물 = 1 : 10(10배 미음)	묽은 수프 정도의 질감	1일 1~2회	1회 30~60g	1일 600~1000㎖

초기 이유식(생후 만 4~5개월) 시작 시기

- ☐ 만 4개월 이전에는 모유나 분유, 물 이외의 음식은 소화하기 어렵기 때문에 장 기능이 발달한 생후 만 4개월 이후(150일 무렵)에 이유식을 시작하는 것이 좋아요.

- ☐ 입에 액체 이외의 것이 들어올 때 밀어내는 반사 작용이 사라지고, 목과 머리를 잘 가누어 앉아서 먹기가 가능한 '신체 신호'가 있어야 해요.

초기 이유식(생후 만 4~5개월) 섭취 특징

- ☐ 모유 묽기의 유동식(10배 미음)으로 시작하다가 점차 7~8배 죽으로 진행하세요.

- ☐ 기본 섭취량만큼 먹지 않는다고 너무 속상해하지 마세요. 초기 이유식은 먹는 연습을 하는 기간이니 아이의 컨디션이 좋은 시간에 먹이도록 하세요.

- ☐ 처음에는 ¼작은 술(아기 숟가락 1~2회 정도의 양)로 시작하다가 잘 먹으면 양을 늘리고, 횟수도 1회에서 2회로 늘려보세요.

- ☐ 이유식 초기에는 이유식을 먹인 후 곧바로 모유(분유) 수유를 해서 부족한 양을 채워주고, 이후 이유식의 양이 충분히 늘어나면 수유량을 늘리거나 수유와 이유식을 따로 진행하세요.

- ☐ 첫 이유식 재료는 알레르기 위험이 낮고 소화가 잘되며, 맛과 향이 자극적이지 않은 '쌀'이 가장 좋아요.

- ☐ 3~7일 간격으로 재료를 한 가지씩 첨가하면서 이상 반응이 있는지 살펴보세요.

- ☐ 이유식을 섭취한 후 1~2시간 안에 3~4회 이상 피부 발진, 가려움증, 설사, 구토, 호흡 곤란, 고열, 목과 혀 등 입안이 붓는 증상이 나타나면 이유식을 중단하고 전문의에게 문의하세요.

STEP TWO

초기 이유식 2단계를 소개합니다

한 달 정도 10배 미음을 먹은 용희는 금세 몸무게가 훌쩍 늘었어요. 처음에는 흘리는 게 반 먹는 게 반인 듯 싶었는데 갈수록 넙죽넙죽 잘 먹더라고요. 다른 아기들은 이유식을 안 먹으려고 해서 엄마 애간장을 태운다는데, 뭐든 잘 먹어 주니 고맙고 그저예쁘더라고요.
초기 이유식 2단계, 즉 이유식을 시작한 지 두 달째부터는 8배 미음을 시작했어요.
초기 1단계보다 물의 양을 조금 줄이고 재료를 두 가지로 늘렸지요. 가장 큰 변화는 고기를 사용한 거예요. 아기는 엄마한테서 필요한 영양분을 받고 태어나지만 6개월 즈음부터는 엄마에게 받은 철분이 부족하여 빈혈에 걸리기 쉽대요. 알레르기 요소가 적고 철분을 보충하기에 가장 좋은 게 쇠고기라고 해서, 쇠고기미음을 시작으로 다양한 이유식에 쇠고기를 섞어 미음을 만들었어요. 예전에는 이유식 후기 때나 쇠고기를 썼다는데, 요즘은 초기 8배 미음부터 사용하는 게 좋다고 하더군요. 처음에는 기름기 없는 사태를 썼다가 퍽퍽하기에 조금 더 부드러운 안심으로 바꿔 주니 더 잘 먹더라고요. 초기 이유식 2단계도 오전 10시와 오후 6시, 하루에 2회를 기본으로 먹였어요.

초기 이유식 2단계 POINT

이유식 비율	이유식 형태	이유식 횟수	이유식 섭취량	총수유량
불린 쌀 : 물 = 1 : 8(8배 미음)	묽은 수프 정도의 질감	1일 1~2회	1회 50~80g	1일 600~1000㎖

초기 이유식(생후 만 5~6개월) 섭취 특징

- 생후 만 5~6개월 때 첫 이유식을 시작한다면 쌀미음을 먼저 시작 후 철분 공급을 위해 반드시 쇠고기나 닭고기가 들어간 이유식을 섭취해야 돼요.
- 고기는 소화 흡수가 잘되는 기름기 없는 부위를 사용하는 것이 좋아요.
- 초기 이유식 후반에 질감을 점차적으로 되직하게 해주면 다음 단계인 중기 이유식을 자연스럽게 받아들일 수 있어요.

	신선한 재료 고르는 법
감자	단단하고 표면이 둥글며 흠집이 없는 것이 좋아요. 초록빛이 도는 것, 싹이 난 것, 껍질이 도톨도톨하고 갈색인 것, 껍질이 마르고 잔주름이 많은 것은 좋지 않아요.
고구마	겉껍질이 붉은 자줏빛이며 몸통은 벌레 먹거나 상처 없이 매끈한 것이 좋아요. 잔뿌리가 많은 것은 섬유소가 많아 질기니 가능하면 잔뿌리가 없는 것을 고르세요.
단호박	껍질이 진한 초록색일수록 달아요. 표면이 울퉁불퉁하거나 거친 것이 신선합니다.
애호박	표면에 흠집이 없고 반질반질하며 연둣빛이 나는 것이 좋아요.꼭지가 싱싱한 것, 위아래 굵기가 비슷한 것으로 고르되 크기에 비해 무겁고 단단한 것을 고르세요.
브로콜리	브로콜리는 진한 초록색에 봉오리가 벌어지지 않은 것이 싱싱해요. 단단하고 중간이 볼록해서 부케처럼 생긴 것을 고르세요.
양배추	겉잎이 짙은 초록색이고 들어보았을 때 묵직한 느낌이 드는 것이 좋아요. 반으로 잘랐을 때 단면이 희고 봉긋하게 올라오지 않아야 싱싱합니다.
콜리플라워	부케처럼 둥그스름하고 볼록한 모양에 꽃송이가 촘촘한 것이 싱싱합니다. 손으로 만졌을 때 단단하고 묵직한 것을 고르세요.
청경채	잎의 초록색이 선명하고 윤기가 나며 줄기가 매끈한 것, 잎과 잎 사이가 많이 벌어지지 않고 단단하게 잘 뭉친 것, 줄기에 거뭇거뭇한 반점이 없는 것이 좋아요
쇠고기	쇠고기는 거무튀튀하거나 희끄무레한 것은 피하고 선명한 선홍색으로 고르세요. 고기 표면에 윤기가 흘러야 신선합니다.

꼭 필요한 영양 정보

감자에는 성장에 필요한 필수아미노산인 라이신이 고기류와 맞먹을 정도로 많이 들어 있어요. 또 변비 예방 효과가 있으며 몸이 따뜻해지는 효능이 있어 아기가 추위를 덜 타도록 도와준다고 해요.

고구마는 변비와 알레르기가 심한 아기에게 좋아요. 고구마에 들어 있는 영양소 중에 비타민 A는 아기의 눈과 피부를 건강하게 해줘요.

단호박은 위장을 튼튼하게 하고 몸을 따뜻하게 해주며 면역력을 높이는 대표 식품이라고 하니 꼭 한번 만들어보세요.

애호박은 부드럽고 소화 흡수가 잘되기 때문에 아기가 먹기에 부담 없는 채소예요. 애호박에 들어 있는 레시틴은 면역력을 높이는 데 도움을 주고 엽산은 두뇌 발달에 좋다고 해요.

브로콜리는 비타민 C가 레몬보다 두 배나 많고 각종 비타민과 칼슘, 칼륨, 인 철분이 풍부하며 두뇌 발달에 좋은 엽산도 많이 들어 있답니다.

양배추는 비타민 B, C는 물론 비타민 U와 필수아미노산인 라이신이 풍부해서 꾸준히 먹으면 면역력이 높아지고 위장 기능이 튼튼해집니다. 또 양배추에는 섬유질이 많아서 변비 예방 효과가 있답니다.

비타민의 보고라고 불리는 콜리플라워, 특히 비타민 C가 많아서 감기 예방 효과가 있고 바이러스에 대한 저항력도 높아집니다. 콜리플라워에는 철분이 많이 들어 있어 빈혈 예방에 도움이 된다고 해요.

청경채는 칼슘이 풍부해서 이와 뼈 발육에 도움이 되며, 칼륨, 비타민 A, 비타민 C도 많이 들어 있어요. 또한 면역력을 높여주고 위장 기능 강화, 변비 치료에도 효과가 좋다고 해요.

쇠고기는 대표적인 단백질 식품이에요. 붉은 살코기인 쇠고기에는 필수아미노산과 철분이 많이 들어 있어 빈혈 예방에 도움이 되고 아기의 성장에도 꼭 필요해요.

STEP THREE

중기 이유식을 소개합니다 (6배 죽/생후 만 7~9개월)

중기부터는 미음이 아니라 죽을 먹일 수 있어요. 초기에 미음을 먹이면서 '도대체 이 정도 가지고 기별이나 갈까?' 싶었는데, 6배 죽은 제법 밥 모양이 나지요. 재료는 믹서에 가는 게 아니라 절구에 으깨거나 칼로 잘게 다지는 정도로 손질했고요.

먹이는 횟수와 양은 아기마다 다르겠지만 용희는 아침에 한 번, 저녁에 한 번 그리고 중간에 간식을 한 번 먹였어요. 물론 초기 이유식도 하루에 두 번 이유식을 먹였지만 중기에는 먹이는 양이 더 많아졌지요. 이즈음 용희는 아기가 평균으로 먹는 양보다 항상 최고 양을 먹은 것 같아요. 보통 레시피 양에 따라 이유식의 양을 맞추는데, 사실은 아기의 양에 레시피를 맞추는 게 맞지 않나 싶어요. 레시피는 기초 분량이니 아기가 많이 먹는다면 재료의 양을 비율에 맞춰 늘리면 되지요.

그리고 두 가지 이유식을 미리 만들어 놓으면 편해요. 아기가 먹을 때마다 한 끼씩 만들려면 손이 너무 많이 가는 데다 냄비와 주걱 등에 붙어서 버려지는 양도 많으니 아깝잖아요. 대신 만들어 놓은 이유식은 밀폐용기에 1인분씩 담아서 반드시 냉장보관을 해야 해요. 겨울이라고 해도 실내 온도를 믿을 수 없으니까요. 냉장실에 넣어 두면 사흘은 충분히 보관할수 있으니 안심하세요.

중기 이유식 POINT

이유식 비율	이유식 형태	이유식 횟수	이유식 섭취량	총수유량
불린 쌀 : 물 = 1 : 6(6배 죽)	잇몸으로 으깰 수 있는 질감	1일 2~3회, 중기 후반부터 간식 섭취 가능	1회 80~120g	1일 500~800㎖

중기 이유식 시작 시기

- ☐ 첫 이유식을 시작한 지 1~2개월 정도 지나 아기가 이유식에 익숙해지면 중기 이유식을 시작해요.
- ☐ 생후 6개월이 지나면 배속에서 엄마로부터 받은 면역력이 급격히 떨어지면서 감기, 설사 등 잔병치레를 할 수 있으며 이때는 잘 먹던 이유식을 거부하기도 해요. 그러므로 아기의 컨디션을 고려해서 중기 이유식을 시작해야 해요.
- ☐ 두부처럼 부드러운 질감의 재료를 주었을 때 오물거리며 재료를 잘 씹어서 넘긴다면 중기 이유식을 시작해도 됩니다.

중기 이유식 섭취 특징

- ☐ 자리에 앉아서 스스로 규칙적으로 먹는 연습을 해야 해요. 돌아다니거나 장난치고, TV를 보면서 먹는 습관은 유아식까지 안 좋은 영향을 미칩니다.
- ☐ 생후 8~9개월 무렵에는 숟가락과 컵을 사용하도록 도와주세요. 아기가 좋아하는 음식을 컵에 담아 주면, 아기는 새로운 도구인 컵에 관심을 가질 거예요.
- ☐ 아기마다 이유식을 먹는 횟수와 양이 차이나지만, 하루 2회 80~120g 정도가 평균이에요.
- ☐ 아기가 더 먹고 싶어 한다면 하루 3회로 늘리고 먹기 싫어한다면 다시 횟수를 줄이는 방법으로 아기에게 적당한 양과 횟수를 맞춰주세요. 이런 방법으로 생후 9개월쯤부터는 하루 3회, 정해진 시간에 규칙적으로 먹이고, 양도 1회에 100g 정도가 적당해요.

		신선한 재료 고르는 법
닭고기 안심		살빛이 분홍색이고 비릿한 냄새가 나지 않는 것, 살에 피가 배지 않은 것을 고르세요. 요즘은 닭고기에 유통기한이 표시되어 있으니 날짜 확인도 잊지 마세요.
대구살		생선은 냉동하면 살이 퍽퍽하고 비린내가 나는데, 한번 해동한 것을 다시 냉동하면 그 정도가 더 심해지므로 대형 마트나 유기농 매장 등 유통 과정을 신뢰할 수 있는 곳에서 구입하세요.
양송이버섯		동그란 갓에 흠집이 없고 단단한 것이 좋아요. 기둥은 색이 누렇게 변하지 않았는지, 짓무르지 않았는지 살펴보세요.
시금치		시금치는 뿌리가 선명한 분홍빛을 띤 것, 잎은 곧게 뻗어 짙은 초록색을 띠고 줄기는 통통하면서 짤막한 것이 좋아요.
배추		노란 알배추를 고르는 게 좋아요. 배추의 줄기와 잎에 거뭇거뭇한 티 같은 게 있으면 병에 걸린 거라고 하니 잘 보고 고르세요.
당근		당근은 모양이 곧고 단단하며 선명한 주황색을 띠는 것이 좋아요. 싱싱한 것은 물로 씻기만 해도 표면이 매끄럽고 광택이 난답니다.
무		땅속에 묻혀 있는 흰 부분은 매끈하고 단단해야 하며 땅 위로 솟은 초록색 부분은 색이 진할수록 연하고 맛이 좋아요.
양파		양파는 껍질이 얇고 밝은 주황색이며 단단한 게 좋아요. 또 퀴퀴한 냄새가 나지 않는지 확인하세요.
미역		미역은 짙은 녹색에 광택이 있고, 손으로 쉽게 부러뜨릴 수 있을 만큼 잘 건조된 것이 좋아요.

꼭 필요한 영양 정보

지방과 콜레스트롤 함량이 적은 고단백질 저칼로리 부위입니다. 소화가 잘되므로 이유식 재료로 적합해요.

대구는 이유식에서 가장 흔히 사용하는 흰살 생선으로, 열량이 적고 단백질 함량이 많아서 아이의 성장은 물론 두뇌 발달에도 좋아요. 몸의 저항력을 높여주는 비타민 A, 신경과 근육 활동에 필요한 비타민 B_1이 많이 들어 있는 재료로도 손꼽힙니다.

칼로리가 매우 낮고 섬유소와 수분이 풍부해서 포만감이 큽니다. 전분의 소화 흡수를 돕는 재료로 감자와 궁합이 잘 맞아요.

시금치는 단백질이 아주 많은 채소예요. 비타민 A와 C는 물론 칼슘도 많아서 성장과 발육에 도움이 되고 빈혈 예방 효과도 있다고 해요.

배추는 삶으면 시원한 맛이 일품이라 국물을 낼 때 자주 이용합니다. 소화가 잘되고 각종 영양이 풍부하며 다른 재료와도 잘 어울려요.

당근은 철분이 많아 빈혈 예방과 면역력을 높이는 데도 좋아요. 카로틴과 비타민 A, 리코펜 성분이 풍부해 눈 건강에도 좋아요.

무는 비타민과 무기질이 풍부하며, 특히 무에 들어 있는 소화 효소인 옥시다아제는 소화를 도울 뿐만 아니라 해독 작용도 하기 때문에 생선이나 고기류 등과 잘 어울려요.

단백질, 탄수화물, 비타민 C, 칼슘, 인, 철 등의 영양소가 다량 함유되어 있어요.

미역은 신진대사를 조절하는 무기질이 풍부하며 뼈와 이를 튼튼하게 해주는 칼슘 함량이 높고 식이섬유가 풍부한 식품이에요.

STEP FOUR

후기 이유식을 소개합니다 (생후 만 10~12개월)

이유식을 시작할 때만 해도 알레르기가 있을까 봐 가슴이 조마조마했는데, 후기쯤 접어드니까 알레르기 반응에 신경이 덜 쓰이더군요. 그런데 후기에는 먹이는 횟수나 양이 많아지는 만큼 알레르기 반응을 더 신경 써서 살펴야 해요. 한꺼번에 새로운 재료를 두세 가지씩 섞지 말고 한 가지만 섞어야 알레르기 반응을 제대로 확인할 수 있어요.

후기 이유식은 3~5가지 재료를 사용했습니다. 그동안 사용한 재료에 새로운 재료 한 가지를 추가했어요. 아기가 붙잡고 일어서거나 걸음마를 시작할 때라서 활동량이 부쩍 많아지는 만큼 단백질과 비타민은 물론 탄수화물까지 영양소를 골고루 섭취할 수 있도록 이유식에 더욱 신경 써야 해요.

그런데 아기는 사물에 호기심을 갖고 이리 저리 움직이느라 먹는 것보다 노는 데 집중하는 경우가 많아요. 결국아기는 이리저리 돌아다니고 엄마는 이유식을 들고 따라다니기 쉽죠. 하지만 건강한 식습관을 위해 밥은 의자에 앉아 한자리에서 먹는 게 좋다고 하기에 꼭 한자리에 앉아 먹는 습관을 들였답니다.

후기 이유식 POINT

이유식 비율	이유식 형태	이유식 횟수	이유식 섭취량	총수유량
불린 쌀 : 물 = 1 : 4(4배 무른 밥) / 2배 진밥 : 물 = 1 : 2(4배 무른 밥)	약간 큰 알갱이가 있는 무른 밥 형태	1일 3회, 간식 2회	1회 120~150g	1일 500~600㎖

후기 이유식 섭취 시기

- 아기가 아랫니도 나고 잇몸도 단단해지면서 이와 잇몸으로 무른 밥 질감의 음식물을 씹어 넘길 수 있는 시기며, 이유식 먹는 양이 많아지면서 이유식과 모유(분유)의 칼로리 섭취 비율이 5 : 5로 거의 비슷해집니다.

- 이유식 직후 수유를 통해 추가적인 칼로리 섭취를 하지 않아도 되므로 이유식과 수유를 따로 할 수 있으며 밤중에는 수유를 끊을 수 있어요.

후기 이유식 섭취 특징

- 매일 탄수화물(무른 밥), 단백질(고기, 생선 등), 채소 등이 골고루 섞인 균형 잡힌 영양 이유식을 먹여요.

- 바나나를 으깬 정도의 무른 질감에서 삶은 호박고구마 정도의 질감이 좋아요. 빵이나 떡 등은 질감이 무르다 하더라도 질식의 위험이 있으므로 주의하세요.

- 1회 100g(아기 밥공기로 한 그릇 정도)이 적당하고, 잘 먹는다면 150g까지 먹여도 괜찮아요. 아기가 먹는 양에 따라 조절하면 됩니다.

- 아침, 점심, 저녁 하루 3회 정해진 시간에 정해진 장소에서 먹는 연습을 꾸준히 하는 것이 좋습니다.

- 음식에 대한 기호가 생기므로 핑거푸드 등을 활용하여 스스로 먹을 수 있도록 도와주고, 잘 안 먹는 음식이 있다면 반복 경험을 통해 먹을 수 있도록 합니다.

		신선한 재료 고르는 법
닭가슴살		살빛이 분홍색이고 비릿한 냄새가 나지 않는 것을 고르세요. 고기가 남았다면 냉장 보관하지 말고 손질해서 냉동실에 보관하세요.
적채		보라색 양배추를 말하는데, 광택이 나고 단단하며 속이 꽉 차야 좋은 거예요. 보라색이 선명할수록 영양 성분도 더 많답니다.
콩나물		줄기가 짧고 통통하며 잔뿌리가 적은 것이 싱싱합니다. 줄기는 희고 대가리는 선명한 노란색이 좋아요.
연근		묵직하고 양쪽에 마디가 있으며 겉껍질에 흠집이 없는 것 그리고 잘랐을 때 구멍의 크기가 일정한 것이 좋다고 해요.
완두콩		연둣빛을 띠고 윤기가 나야 싱싱하고 좋은 완두콩이에요. 동그란 모양이 제대로 갖춰졌는지, 만졌을 때 단단한지 살펴보세요.
달걀		표면이 거칠거칠하고 흔들어보았을 때 속이 흔들리는 느낌이 없는 것, 크기에 비해 묵직한 것이 좋은 달걀이에요.
두부		국산 유기농 콩으로 만든 두부가 가장 좋겠지만 가격이 두 배 이상 비싸므로 국산 콩으로 만든 두부를 사용해도 괜찮아요.
잔멸치		투명하고 맑은 은색이 나야 신선한 잔멸치예요. 갈색이 도는 것은 오래되어 기름이 나온 것이므로 피하세요.
김		김은 '자연이 준 최고의 선물'이라고 할 만큼 영양이 많다고 해요. 잡티가 없고 검은빛이 돌며 광택이 있는 것이 좋은 김이에요.

꼭 필요한 영양 정보

닭가슴살은 지방 함량이 거의 없고 단백질이 풍부해서 아이들의 성장 발육에 좋아요.

적채는 식이섬유소가 풍부해 변비 예방에 좋고, 육류와 같이 섭취하면 소화를 도와줍니다.

비타민 C와 아스파라긴산이 풍부하게 들어 있어요. 또한 섬유질이 풍부해 아이들의 변비 예방에도 좋아요.

비타민 C와 비타민 B군이 풍부하게 들어 있는 연근은 아이가 먹기에는 질길 수 있으니 푹 삶아서 사용하는 게 좋아요.

고소하고 담백한 맛의 완두콩은 시력 향상에도 도움이 되고 뼈 건강에도 좋아요.

달걀은 영양의 보고이지만 알레르기 요인이 있어 흰자보다는 노른자를 먼저 먹여보고 아무 이상이 없을 때 흰자를 먹여야 합니다.

두부는 주변에서 구하기 쉬운 대표적인 식물성 단백질 식품이에요. 손질하기도 쉬워서 편하게 사용할 수 있는 재료입니다.

칼슘의 대명사로 뼈와 치아가 튼튼해지는 좋은 식품이에요.

비타민과, 무기질을 고루 갖추고 있는 김은 아이들 건강에도 좋아요. 이유식에는 조미되지 않은 김을 살짝 구워서 사용합니다.

STEP FIVE

완료기 이유식을 소개합니다 (생후 만 12개월 이후)

완료기는 젖병을 완전히 떼고, 수저와 컵을 사용해 혼자서도 잘 먹는 시기라고 해요. 이유식은 후기와 마찬가지로 하루에 세 번 먹이지만 양이 훨씬 많아졌어요. 어른이 먹는 음식 중 질기거나 딱딱한 것을 제외하고는 대부분 다 먹을 수 있답니다. 활동이 많은 점심과 저녁 사이에 간식을 주면 아기가 탈 없이 잘 먹지요. 하지만 한 가지, 주변 사물에 대한 호기심이 왕성해지면서 상대적으로 먹는 것에는 관심이 줄어들고 미각이 까다로워지면서 입맛에 맞지 않으면 이유식을 거부하는 일이 생깁니다. 거부 의사도 확실해서 먹기 싫을 때는 "아니야!" 하면서 고개를 돌려 버리죠. 아무리 먹이려고 해도 안 먹겠다고 고집을 부릴 때면 안타깝고 속이 상해요.

아기가 거부 의사를 보일 때는 억지로 먹이려 하지 말고 일단 음식을 거두세요. 용희가 이유식을 거부할 경우 끼니와 간식을 거른 뒤 그다음 끼니에 다시 한번 똑같은 이유식을 먹였는데 배가 고팠는지 그렇게 하면 잘 먹더라고요.

저는 완료기 이유식이 가장 어려웠어요. 나름 이유식 요령이 생겨서 만들기는 쉬운데 아기가 의사 표현이 확실해 져서 좋아하거나 먹고 싶은 것이 아니면 안 먹겠다고 해서 기운이 빠져 버리기 일쑤였거든요. 그래서 아이가 좋아하는 재료들을 활용해서 다양하게 만들었답니다.

완료기는 유아식을 위한 준비 단계입니다. 다양한 식재료를 이용한 요리로 아기가 새로운 형태의 맛과 식감을 익히도록 도와주세요.

완료기 이유식 POINT

이유식 비율	이유식 형태	이유식 횟수	이유식 섭취량	총수유량
불린 쌀 : 물 = 1 : 2(2배 진밥)	어른이 먹는 음식보다 부드러운 진밥 형태	1일 3회, 간식 2회 제공	1회 120~180g	1일 400㎖ 이하

완료기 이유식 섭취 시기

- ☐ 돌 무렵부터는 걷기 시작하면서 활동량이 늘어나기 때문에 이유식을 통해 에너지 공급을 충분히 해주는 것이 중요해요.

완료기 이유식 섭취 특징

- ☐ 어른의 식사와 비슷하지만 소화가 잘되도록 조금 더 부드럽게 조리하세요.
- ☐ 양념은 최대한 자제하며 한 번 먹는 양은 아기 밥그릇 1~2공기 분량 정도면 괜찮아요.
- ☐ 하루 세 번 가족 식사 시간에 먹이고 밥이 주식이므로 수유는 하루에 최대 2~3회를 넘지 않아야 해요.
- ☐ 후기 이유식과 같이 균형 잡힌 식단이 중요하며 정해진 시간 외에 먹을 것을 수시로 주지 마세요. 아기도 배고픔을 느끼고 참는 것도 중요해요.
- ☐ 숟가락 등의 도구 사용이 가능해지면 스스로 먹는 습관을 길러주세요. 처음에는 많이 흘리지만 이런 과정을 통해 배워나갑니다.
- ☐ 스스로 음식을 선택할 수 있으면 편식 가능성을 낮출 수 있어요.

		신선한 재료 고르는 법
새우		새우는 종류가 다양하기 때문에 이유식에 적합한 것을 고르는 게 중요해요. 무엇보다 좋은 것은 제철에 나온 대하를 직접 구입해서 손질하는 거예요.
게살		대게는 크기에 비해 묵직한 것이 좋아요. 배 안쪽이 검붉은색이고 몸통과 다리가 붙은 관절 부위가 선명하게 구분되는 것이 좋아요.
연어		이유식을 만들 때는 생연어를 사용해야 해요. 연어 특유의 주황색이 선명하고 살에 탄력이 있는 것이 싱싱한 연어예요.
토마토		완숙 토마토는 붉은빛이 선명하고 꼭지가 단단하며 시들지 않고 선명한 초록색이 좋아요.
검은깨		시중에 나온 검은깨는 대개 수입산이에요. 수입산은 값이 저렴한 대신 고소한 맛이 덜하고 잡티가 많으니 국내산을 선택하세요.
부추		너무 많이 자란 부추는 억세고 향이 좋지 않으므로 크거나 두껍지 않은 것을 골라야 해요.
팽이버섯		흰색이나 연한 크림색을 띠고 갓이 작아야 좋은 것이며, 줄기나 뿌리 부분이 축축한 것은 싱싱하지 않은 거예요.
치즈		일반 치즈에 비해 나트륨과 지방 함량이 적고 칼슘이 더 많은 아기용 치즈를 사용하세요.
어린잎채소		누렇게 변한 것은 없는지, 짓물러서 검게 썩은 것은 없는지, 물기가 생기지는 않았는지 살펴본 뒤 잎과 줄기가 싱싱한 것을 고르세요.

꼭 필요한 영양 정보

칼슘과 타우린이 풍부하게 들어 있어 아이들 성장 발육에 좋아요. 또한 혈액 내 콜레스테롤을 낮추는 키토산도 풍부하게 들어 있어요.

대게살은 단백질 함량이 많으며 필수아미노산이 풍부해 발육기의 아이들에게 아주 좋아요. 특히 지방 함량이 적어 소화가 잘됩니다.

연어는 면역력을 높이고 오메가 3와 DHA가 많아 두뇌 발달에 좋은 데다 아기에게 부족하기 쉬운 비타민 D를 보충해주는 아주 좋은 재료예요.

토마토는 라이코펜, 비타민 K, 칼륨 등 다양한 영양 성분이 많이 들어 있어요. 특히 빨간 완숙 토마토가 영양학적으로 가장 좋다고 하네요.

검은깨는 DNA 활성 작용을 돕는 성분이 풍부해서 뇌 활동을 활발하게 하고 꾸준히 먹으면 피부가 좋아진다고 해요.

부추는 간의 피로 해소에 좋기 때문에 여름철 지친 몸에 활기를 주고, 각종 비타민과 칼륨, 칼슘도 풍부하다고 해요.

팽이버섯은 섬유소와 수분이 풍부해서 포만감을 주고, 특히 풍부한 식이섬유소는 혈중 콜레스테롤 수치를 낮춰 줍니다.

치즈는 대표적인 단백질 식품인 데다 칼슘이 풍부하고 위와 장 건강에도 좋은 성분이 많이 함유되어 있어요.

단백질과 미네랄 함량이 높아 아이들 건강에 좋아요.

01 02 03 04

05 06 07 08

09 10 11 12

Sunday	Monday	Tuesday

Wednesday	Thursday	Friday	Saturday

01 02 03 04

05 06 07 08

09 10 11 12

Sunday	Monday	Tuesday

Wednesday	Thursday	Friday	Saturday

01 02 03 04
05 06 07 08
09 10 11 12

Sunday	Monday	Tuesday

Wednesday	Thursday	Friday	Saturday

01 02 03 04
05 06 07 08
09 10 11 12

Sunday	Monday	Tuesday

Wednesday	Thursday	Friday	Saturday

01	02	03	04
05	06	07	08
09	10	11	12

Sunday	Monday	Tuesday

Wednesday	Thursday	Friday	Saturday

01	02	03	04
05	06	07	08
09	10	11	12

Sunday	Monday	Tuesday

Wednesday	Thursday	Friday	Saturday

01 02 03 04

05 06 07 08

09 10 11 12

Sunday	Monday	Tuesday

Wednesday	Thursday	Friday	Saturday

01	02	03	04
05	06	07	08
09	10	11	12

Sunday	Monday	Tuesday

Wednesday	Thursday	Friday	Saturday

01 02 03 04

05 06 07 08

09 10 11 12

Sunday	Monday	Tuesday

Wednesday	Thursday	Friday	Saturday

01	02	03	04
05	06	07	08
09	10	11	12

Sunday	Monday	Tuesday

Wednesday	Thursday	Friday	Saturday

01 02 03 04
05 06 07 08
09 10 11 12

Sunday	Monday	Tuesday

Wednesday	Thursday	Friday	Saturday

01 02 03 04
05 06 07 08
09 10 11 12

Sunday	Monday	Tuesday

Wednesday	Thursday	Friday	Saturday

/ / day °C

	아침	점심	저녁	간식
시간				
식단				
선호도				
섭취량				

총 배변 횟수	소변		이유식 총 섭취량(ml)	
	대변		분유(모유) 총 섭취량	
취침시간			목욕시간 (체온)	
메모				

/ / day °C

	아침	점심	저녁	간식
시간				
식단				
선호도				
섭취량				

총 배변 횟수	소변		이유식 총 섭취량(ml)	
	대변		분유(모유) 총 섭취량	
취침시간			목욕시간 (체온)	
메모				

/ / day °C

	아침	점심	저녁	간식
시간				
식단				
선호도				
섭취량				

총 배변 횟수	소변		이유식 총 섭취량(ml)	
	대변		분유(모유) 총 섭취량	
취침시간			목욕시간 (체온)	
메모				

/ / day °C

	아침	점심	저녁	간식
시간				
식단				
선호도				
섭취량				

총 배변 횟수	소변		이유식 총 섭취량(ml)	
	대변		분유(모유) 총 섭취량	
취침시간			목욕시간 (체온)	
메모				

/ / day °C

	아침	점심	저녁	간식
시간				
식단				
선호도				
섭취량				

총 배변 횟수	소변		이유식 총 섭취량(ml)	
	대변		분유(모유) 총 섭취량	
취침시간			목욕시간 (체온)	
메모				

/ / day °C

	아침	점심	저녁	간식
시간				
식단				
선호도				
섭취량				

총 배변 횟수	소변		이유식 총 섭취량(ml)	
	대변		분유(모유) 총 섭취량	
취침시간			목욕시간 (체온)	
메모				

/ / day °C

	아침	점심	저녁	간식
시간				
식단				
선호도				
섭취량				

총 배변 횟수	소변		이유식 총 섭취량(ml)	
	대변		분유(모유) 총 섭취량	
취침시간			목욕시간 (체온)	
메모				

/ / day °C

	아침	점심	저녁	간식
시간				
식단				
선호도				
섭취량				

총 배변 횟수	소변		이유식 총 섭취량(ml)	
	대변		분유(모유) 총 섭취량	
취침시간			목욕시간 (체온)	
메모				

/ / day °C

	아침	점심	저녁	간식
시간				
식단				
선호도				
섭취량				

총 배변 횟수	소변		이유식 총 섭취량(ml)	
	대변		분유(모유) 총 섭취량	
취침시간			목욕시간 (체온)	
메모				

/ / day °C

	아침	점심	저녁	간식
시간				
식단				
선호도				
섭취량				

총 배변 횟수	소변		이유식 총 섭취량(ml)	
	대변		분유(모유) 총 섭취량	
취침시간			목욕시간 (체온)	
메모				

/ / day °C

	아침	점심	저녁	간식
시간				
식단				
선호도				
섭취량				

총 배변 횟수	소변		이유식 총 섭취량(ml)	
	대변		분유(모유) 총 섭취량	
취침시간			목욕시간 (체온)	
메모				

/ / day °C

	아침	점심	저녁	간식
시간				
식단				
선호도				
섭취량				

총 배변 횟수	소변		이유식 총 섭취량(ml)	
	대변		분유(모유) 총 섭취량	
취침시간			목욕시간 (체온)	
메모				

/ / day °C

	아침	점심	저녁	간식
시간				
식단				
선호도				
섭취량				

총 배변 횟수	소변		이유식 총 섭취량(ml)	
	대변		분유(모유) 총 섭취량	
취침시간			목욕시간 (체온)	
메모				

/ / day °C

	아침	점심	저녁	간식
시간				
식단				
선호도				
섭취량				

총 배변 횟수	소변		이유식 총 섭취량(ml)	
	대변		분유(모유) 총 섭취량	
취침시간			목욕시간 (체온)	
메모				

/ / day °C

	아침	점심	저녁	간식
시간				
식단				
선호도				
섭취량				

총 배변 횟수	소변		이유식 총 섭취량(ml)	
	대변		분유(모유) 총 섭취량	
취침시간			목욕시간 (체온)	
메모				

/ / day °C

	아침	점심	저녁	간식
시간				
식단				
선호도				
섭취량				

총 배변 횟수	소변		이유식 총 섭취량(ml)	
	대변		분유(모유) 총 섭취량	
취침시간			목욕시간 (체온)	
메모				

/ / day °C

	아침	점심	저녁	간식
시간				
식단				
선호도				
섭취량				

총 배변 횟수	소변	이유식 총 섭취량(ml)
	대변	분유(모유) 총 섭취량
취침시간		목욕시간 (체온)
메모		

/ / day °C

	아침	점심	저녁	간식
시간				
식단				
선호도				
섭취량				

총 배변 횟수	소변	이유식 총 섭취량(ml)
	대변	분유(모유) 총 섭취량
취침시간		목욕시간 (체온)
메모		

/ / day °C

	아침	점심	저녁	간식
시간				
식단				
선호도				
섭취량				

총 배변 횟수	소변		이유식 총 섭취량(ml)	
	대변		분유(모유) 총 섭취량	
취침시간			목욕시간 (체온)	
메모				

/ / day °C

	아침	점심	저녁	간식
시간				
식단				
선호도				
섭취량				

총 배변 횟수	소변		이유식 총 섭취량(ml)	
	대변		분유(모유) 총 섭취량	
취침시간			목욕시간 (체온)	
메모				

/ / day °C

	아침	점심	저녁	간식
시간				
식단				
선호도				
섭취량				

총 배변 횟수	소변	이유식 총 섭취량(ml)
	대변	분유(모유) 총 섭취량
취침시간		목욕시간 (체온)
메모		

/ / day °C

	아침	점심	저녁	간식
시간				
식단				
선호도				
섭취량				

총 배변 횟수	소변	이유식 총 섭취량(ml)
	대변	분유(모유) 총 섭취량
취침시간		목욕시간 (체온)
메모		

/ / day °C

	아침	점심	저녁	간식
시간				
식단				
선호도				
섭취량				

총 배변 횟수	소변		이유식 총 섭취량(ml)	
	대변		분유(모유) 총 섭취량	
취침시간			목욕시간 (체온)	
메모				

/ / day °C

	아침	점심	저녁	간식
시간				
식단				
선호도				
섭취량				

총 배변 횟수	소변		이유식 총 섭취량(ml)	
	대변		분유(모유) 총 섭취량	
취침시간			목욕시간 (체온)	
메모				

/ / day °C

	아침	점심	저녁	간식
시간				
식단				
선호도				
섭취량				
총 배변 횟수	소변		이유식 총 섭취량(ml)	
	대변		분유(모유) 총 섭취량	
취침시간			목욕시간 (체온)	
메모				

/ / day °C

	아침	점심	저녁	간식
시간				
식단				
선호도				
섭취량				
총 배변 횟수	소변		이유식 총 섭취량(ml)	
	대변		분유(모유) 총 섭취량	
취침시간			목욕시간 (체온)	
메모				

/ / day °C

	아침	점심	저녁	간식
시간				
식단				
선호도				
섭취량				

총 배변 횟수	소변		이유식 총 섭취량(ml)	
	대변		분유(모유) 총 섭취량	
취침시간			목욕시간 (체온)	
메모				

/ / day °C

	아침	점심	저녁	간식
시간				
식단				
선호도				
섭취량				

총 배변 횟수	소변		이유식 총 섭취량(ml)	
	대변		분유(모유) 총 섭취량	
취침시간			목욕시간 (체온)	
메모				

/ / day °C

	아침	점심	저녁	간식
시간				
식단				
선호도				
섭취량				
총 배변 횟수	소변		이유식 총 섭취량(ml)	
	대변		분유(모유) 총 섭취량	
취침시간			목욕시간 (체온)	
메모				

/ / day °C

	아침	점심	저녁	간식
시간				
식단				
선호도				
섭취량				
총 배변 횟수	소변		이유식 총 섭취량(ml)	
	대변		분유(모유) 총 섭취량	
취침시간			목욕시간 (체온)	
메모				

/ / day °C

	아침	점심	저녁	간식
시간				
식단				
선호도				
섭취량				

총 배변 횟수	소변		이유식 총 섭취량(ml)	
	대변		분유(모유) 총 섭취량	
취침시간			목욕시간 (체온)	
메모				

/ / day °C

	아침	점심	저녁	간식
시간				
식단				
선호도				
섭취량				

총 배변 횟수	소변		이유식 총 섭취량(ml)	
	대변		분유(모유) 총 섭취량	
취침시간			목욕시간 (체온)	
메모				

/ / day °C

	아침	점심	저녁	간식
시간				
식단				
선호도				
섭취량				

총 배변 횟수	소변		이유식 총 섭취량(ml)	
	대변		분유(모유) 총 섭취량	
취침시간			목욕시간 (체온)	
메모				

/ / day °C

	아침	점심	저녁	간식
시간				
식단				
선호도				
섭취량				

총 배변 횟수	소변		이유식 총 섭취량(ml)	
	대변		분유(모유) 총 섭취량	
취침시간			목욕시간 (체온)	
메모				

/ / day °C

	아침	점심	저녁	간식
시간				
식단				
선호도				
섭취량				

총 배변 횟수	소변		이유식 총 섭취량(ml)	
	대변		분유(모유) 총 섭취량	
취침시간			목욕시간 (체온)	
메모				

/ / day °C

	아침	점심	저녁	간식
시간				
식단				
선호도				
섭취량				

총 배변 횟수	소변		이유식 총 섭취량(ml)	
	대변		분유(모유) 총 섭취량	
취침시간			목욕시간 (체온)	
메모				

/ / day °C

	아침	점심	저녁	간식
시간				
식단				
선호도				
섭취량				

총 배변 횟수	소변		이유식 총 섭취량(ml)	
	대변		분유(모유) 총 섭취량	
취침시간			목욕시간 (체온)	
메모				

/ / day °C

	아침	점심	저녁	간식
시간				
식단				
선호도				
섭취량				

총 배변 횟수	소변		이유식 총 섭취량(ml)	
	대변		분유(모유) 총 섭취량	
취침시간			목욕시간 (체온)	
메모				

/ / day °C

	아침	점심	저녁	간식
시간				
식단				
선호도				
섭취량				

총 배변 횟수	소변	이유식 총 섭취량(ml)	
	대변	분유(모유) 총 섭취량	
취침시간		목욕시간 (체온)	
메모			

/ / day °C

	아침	점심	저녁	간식
시간				
식단				
선호도				
섭취량				

총 배변 횟수	소변	이유식 총 섭취량(ml)	
	대변	분유(모유) 총 섭취량	
취침시간		목욕시간 (체온)	
메모			

/ / day °C

	아침	점심	저녁	간식
시간				
식단				
선호도				
섭취량				

총 배변 횟수	소변		이유식 총 섭취량(ml)	
	대변		분유(모유) 총 섭취량	
취침시간			목욕시간 (체온)	
메모				

/ / day °C

	아침	점심	저녁	간식
시간				
식단				
선호도				
섭취량				

총 배변 횟수	소변		이유식 총 섭취량(ml)	
	대변		분유(모유) 총 섭취량	
취침시간			목욕시간 (체온)	
메모				

/ / day °C

	아침	점심	저녁	간식
시간				
식단				
선호도				
섭취량				
총 배변 횟수	소변		이유식 총 섭취량(ml)	
	대변		분유(모유) 총 섭취량	
취침시간			목욕시간 (체온)	
메모				

/ / day °C

	아침	점심	저녁	간식
시간				
식단				
선호도				
섭취량				
총 배변 횟수	소변		이유식 총 섭취량(ml)	
	대변		분유(모유) 총 섭취량	
취침시간			목욕시간 (체온)	
메모				

/ / day °C

	아침	점심	저녁	간식
시간				
식단				
선호도				
섭취량				

총 배변 횟수	소변		이유식 총 섭취량(ml)	
	대변		분유(모유) 총 섭취량	
취침시간			목욕시간 (체온)	
메모				

/ / day °C

	아침	점심	저녁	간식
시간				
식단				
선호도				
섭취량				

총 배변 횟수	소변		이유식 총 섭취량(ml)	
	대변		분유(모유) 총 섭취량	
취침시간			목욕시간 (체온)	
메모				

/ / day °C

	아침	점심	저녁	간식
시간				
식단				
선호도				
섭취량				

총 배변 횟수	소변		이유식 총 섭취량(ml)	
	대변		분유(모유) 총 섭취량	
취침시간			목욕시간 (체온)	
메모				

/ / day °C

	아침	점심	저녁	간식
시간				
식단				
선호도				
섭취량				

총 배변 횟수	소변		이유식 총 섭취량(ml)	
	대변		분유(모유) 총 섭취량	
취침시간			목욕시간 (체온)	
메모				

/ / day °C

	아침	점심	저녁	간식
시간				
식단				
선호도				
섭취량				

총 배변 횟수	소변		이유식 총 섭취량(ml)	
	대변		분유(모유) 총 섭취량	
취침시간			목욕시간 (체온)	
메모				

/ / day °C

	아침	점심	저녁	간식
시간				
식단				
선호도				
섭취량				

총 배변 횟수	소변		이유식 총 섭취량(ml)	
	대변		분유(모유) 총 섭취량	
취침시간			목욕시간 (체온)	
메모				

/ / day °C

	아침	점심	저녁	간식
시간				
식단				
선호도				
섭취량				

총 배변 횟수	소변		이유식 총 섭취량(ml)	
	대변		분유(모유) 총 섭취량	
취침시간			목욕시간 (체온)	
메모				

/ / day °C

	아침	점심	저녁	간식
시간				
식단				
선호도				
섭취량				

총 배변 횟수	소변		이유식 총 섭취량(ml)	
	대변		분유(모유) 총 섭취량	
취침시간			목욕시간 (체온)	
메모				

/ / day °C

	아침	점심	저녁	간식
시간				
식단				
선호도				
섭취량				

총 배변 횟수	소변		이유식 총 섭취량(ml)	
	대변		분유(모유) 총 섭취량	
취침시간			목욕시간 (체온)	
메모				

/ / day °C

	아침	점심	저녁	간식
시간				
식단				
선호도				
섭취량				

총 배변 횟수	소변		이유식 총 섭취량(ml)	
	대변		분유(모유) 총 섭취량	
취침시간			목욕시간 (체온)	
메모				

/ / day °C

	아침	점심	저녁	간식
시간				
식단				
선호도				
섭취량				

총 배변 횟수	소변		이유식 총 섭취량(ml)	
	대변		분유(모유) 총 섭취량	
취침시간			목욕시간 (체온)	
메모				

/ / day °C

	아침	점심	저녁	간식
시간				
식단				
선호도				
섭취량				

총 배변 횟수	소변		이유식 총 섭취량(ml)	
	대변		분유(모유) 총 섭취량	
취침시간			목욕시간 (체온)	
메모				

/ / day °C

	아침	점심	저녁	간식
시간				
식단				
선호도				
섭취량				

총 배변 횟수	소변		이유식 총 섭취량(ml)	
	대변		분유(모유) 총 섭취량	
취침시간			목욕시간 (체온)	
메모				

/ / day °C

	아침	점심	저녁	간식
시간				
식단				
선호도				
섭취량				

총 배변 횟수	소변		이유식 총 섭취량(ml)	
	대변		분유(모유) 총 섭취량	
취침시간			목욕시간 (체온)	
메모				

/ / day °C

	아침	점심	저녁	간식
시간				
식단				
선호도				
섭취량				

총 배변 횟수	소변		이유식 총 섭취량(ml)	
	대변		분유(모유) 총 섭취량	
취침시간			목욕시간 (체온)	
메모				

/ / day °C

	아침	점심	저녁	간식
시간				
식단				
선호도				
섭취량				

총 배변 횟수	소변		이유식 총 섭취량(ml)	
	대변		분유(모유) 총 섭취량	
취침시간			목욕시간 (체온)	
메모				

/ / day °C

	아침	점심	저녁	간식
시간				
식단				
선호도				
섭취량				

총 배변 횟수	소변		이유식 총 섭취량(ml)	
	대변		분유(모유) 총 섭취량	
취침시간			목욕시간 (체온)	
메모				

/ / day °C

	아침	점심	저녁	간식
시간				
식단				
선호도				
섭취량				

총 배변 횟수	소변		이유식 총 섭취량(ml)	
	대변		분유(모유) 총 섭취량	
취침시간			목욕시간 (체온)	
메모				

/ / day °C

	아침	점심	저녁	간식
시간				
식단				
선호도				
섭취량				

총 배변 횟수	소변		이유식 총 섭취량(ml)	
	대변		분유(모유) 총 섭취량	
취침시간			목욕시간 (체온)	
메모				

/ / day °C

	아침	점심	저녁	간식
시간				
식단				
선호도				
섭취량				

총 배변 횟수	소변		이유식 총 섭취량(ml)	
	대변		분유(모유) 총 섭취량	
취침시간			목욕시간 (체온)	
메모				

/ / day °C

	아침	점심	저녁	간식
시간				
식단				
선호도				
섭취량				

총 배변 횟수	소변		이유식 총 섭취량(ml)	
	대변		분유(모유) 총 섭취량	
취침시간			목욕시간 (체온)	
메모				

/ / day °C

	아침	점심	저녁	간식
시간				
식단				
선호도				
섭취량				

총 배변 횟수	소변		이유식 총 섭취량(ml)	
	대변		분유(모유) 총 섭취량	
취침시간			목욕시간 (체온)	
메모				

/ / day °C

	아침	점심	저녁	간식
시간				
식단				
선호도				
섭취량				
총 배변 횟수	소변		이유식 총 섭취량(ml)	
	대변		분유(모유) 총 섭취량	
취침시간			목욕시간 (체온)	
메모				

/ / day °C

	아침	점심	저녁	간식
시간				
식단				
선호도				
섭취량				
총 배변 횟수	소변		이유식 총 섭취량(ml)	
	대변		분유(모유) 총 섭취량	
취침시간			목욕시간 (체온)	
메모				

/ / day °C

	아침	점심	저녁	간식
시간				
식단				
선호도				
섭취량				

총 배변 횟수	소변		이유식 총 섭취량(ml)	
	대변		분유(모유) 총 섭취량	
취침시간			목욕시간 (체온)	
메모				

/ / day °C

	아침	점심	저녁	간식
시간				
식단				
선호도				
섭취량				

총 배변 횟수	소변		이유식 총 섭취량(ml)	
	대변		분유(모유) 총 섭취량	
취침시간			목욕시간 (체온)	
메모				

/ / day °C

	아침	점심	저녁	간식
시간				
식단				
선호도				
섭취량				

총 배변 횟수	소변		이유식 총 섭취량(ml)	
	대변		분유(모유) 총 섭취량	
취침시간			목욕시간 (체온)	
메모				

/ / day °C

	아침	점심	저녁	간식
시간				
식단				
선호도				
섭취량				

총 배변 횟수	소변		이유식 총 섭취량(ml)	
	대변		분유(모유) 총 섭취량	
취침시간			목욕시간 (체온)	
메모				

/ / day °C

	아침	점심	저녁	간식
시간				
식단				
선호도				
섭취량				

총 배변 횟수	소변	이유식 총 섭취량(ml)	
	대변	분유(모유) 총 섭취량	
취침시간		목욕시간 (체온)	
메모			

/ / day °C

	아침	점심	저녁	간식
시간				
식단				
선호도				
섭취량				

총 배변 횟수	소변	이유식 총 섭취량(ml)	
	대변	분유(모유) 총 섭취량	
취침시간		목욕시간 (체온)	
메모			

/ / day °C

	아침	점심	저녁	간식
시간				
식단				
선호도				
섭취량				

총 배변 횟수	소변		이유식 총 섭취량(ml)	
	대변		분유(모유) 총 섭취량	
취침시간			목욕시간 (체온)	
메모				

/ / day °C

	아침	점심	저녁	간식
시간				
식단				
선호도				
섭취량				

총 배변 횟수	소변		이유식 총 섭취량(ml)	
	대변		분유(모유) 총 섭취량	
취침시간			목욕시간 (체온)	
메모				

/ / day °C

	아침	점심	저녁	간식
시간				
식단				
선호도				
섭취량				

총 배변 횟수	소변		이유식 총 섭취량(ml)	
	대변		분유(모유) 총 섭취량	
취침시간			목욕시간 (체온)	
메모				

/ / day °C

	아침	점심	저녁	간식
시간				
식단				
선호도				
섭취량				

총 배변 횟수	소변		이유식 총 섭취량(ml)	
	대변		분유(모유) 총 섭취량	
취침시간			목욕시간 (체온)	
메모				

/ / day °C

	아침	점심	저녁	간식
시간				
식단				
선호도				
섭취량				

총 배변 횟수	소변		이유식 총 섭취량(ml)	
	대변		분유(모유) 총 섭취량	
취침시간			목욕시간 (체온)	
메모				

/ / day °C

	아침	점심	저녁	간식
시간				
식단				
선호도				
섭취량				

총 배변 횟수	소변		이유식 총 섭취량(ml)	
	대변		분유(모유) 총 섭취량	
취침시간			목욕시간 (체온)	
메모				

/ / day °C

	아침	점심	저녁	간식
시간				
식단				
선호도				
섭취량				

총 배변 횟수	소변		이유식 총 섭취량(ml)	
	대변		분유(모유) 총 섭취량	
취침시간			목욕시간 (체온)	
메모				

/ / day °C

	아침	점심	저녁	간식
시간				
식단				
선호도				
섭취량				

총 배변 횟수	소변		이유식 총 섭취량(ml)	
	대변		분유(모유) 총 섭취량	
취침시간			목욕시간 (체온)	
메모				

/ / day °C

	아침	점심	저녁	간식
시간				
식단				
선호도				
섭취량				

총 배변 횟수	소변		이유식 총 섭취량(ml)	
	대변		분유(모유) 총 섭취량	
취침시간			목욕시간 (체온)	
메모				

/ / day °C

	아침	점심	저녁	간식
시간				
식단				
선호도				
섭취량				

총 배변 횟수	소변		이유식 총 섭취량(ml)	
	대변		분유(모유) 총 섭취량	
취침시간			목욕시간 (체온)	
메모				

/ / day °C

	아침	점심	저녁	간식
시간				
식단				
선호도				
섭취량				

총 배변 횟수	소변	이유식 총 섭취량(ml)	
	대변	분유(모유) 총 섭취량	
취침시간		목욕시간 (체온)	
메모			

/ / day °C

	아침	점심	저녁	간식
시간				
식단				
선호도				
섭취량				

총 배변 횟수	소변	이유식 총 섭취량(ml)	
	대변	분유(모유) 총 섭취량	
취침시간		목욕시간 (체온)	
메모			

/ / day °C

	아침	점심	저녁	간식
시간				
식단				
선호도				
섭취량				

총 배변 횟수	소변		이유식 총 섭취량(ml)	
	대변		분유(모유) 총 섭취량	
취침시간			목욕시간 (체온)	
메모				

/ / day °C

	아침	점심	저녁	간식
시간				
식단				
선호도				
섭취량				

총 배변 횟수	소변		이유식 총 섭취량(ml)	
	대변		분유(모유) 총 섭취량	
취침시간			목욕시간 (체온)	
메모				

/ / day °C

	아침	점심	저녁	간식
시간				
식단				
선호도				
섭취량				

총 배변 횟수	소변		이유식 총 섭취량(ml)	
	대변		분유(모유) 총 섭취량	
취침시간			목욕시간 (체온)	
메모				

/ / day °C

	아침	점심	저녁	간식
시간				
식단				
선호도				
섭취량				

총 배변 횟수	소변		이유식 총 섭취량(ml)	
	대변		분유(모유) 총 섭취량	
취침시간			목욕시간 (체온)	
메모				

/ / day °C

	아침	점심	저녁	간식
시간				
식단				
선호도				
섭취량				

총 배변 횟수	소변		이유식 총 섭취량(ml)	
	대변		분유(모유) 총 섭취량	
취침시간			목욕시간 (체온)	
메모				

/ / day °C

	아침	점심	저녁	간식
시간				
식단				
선호도				
섭취량				

총 배변 횟수	소변		이유식 총 섭취량(ml)	
	대변		분유(모유) 총 섭취량	
취침시간			목욕시간 (체온)	
메모				

/ / day °C

	아침	점심	저녁	간식
시간				
식단				
선호도				
섭취량				

총 배변 횟수	소변		이유식 총 섭취량(ml)	
	대변		분유(모유) 총 섭취량	
취침시간			목욕시간 (체온)	
메모				

/ / day °C

	아침	점심	저녁	간식
시간				
식단				
선호도				
섭취량				

총 배변 횟수	소변		이유식 총 섭취량(ml)	
	대변		분유(모유) 총 섭취량	
취침시간			목욕시간 (체온)	
메모				

/ / day °C

	아침	점심	저녁	간식
시간				
식단				
선호도				
섭취량				

총 배변 횟수	소변		이유식 총 섭취량(ml)	
	대변		분유(모유) 총 섭취량	
취침시간			목욕시간 (체온)	
메모				

/ / day °C

	아침	점심	저녁	간식
시간				
식단				
선호도				
섭취량				

총 배변 횟수	소변		이유식 총 섭취량(ml)	
	대변		분유(모유) 총 섭취량	
취침시간			목욕시간 (체온)	
메모				

/ / day °C

	아침	점심	저녁	간식
시간				
식단				
선호도				
섭취량				

총 배변 횟수	소변		이유식 총 섭취량(ml)	
	대변		분유(모유) 총 섭취량	
취침시간			목욕시간 (체온)	
메모				

/ / day °C

	아침	점심	저녁	간식
시간				
식단				
선호도				
섭취량				

총 배변 횟수	소변		이유식 총 섭취량(ml)	
	대변		분유(모유) 총 섭취량	
취침시간			목욕시간 (체온)	
메모				

/ / day °C

	아침	점심	저녁	간식
시간				
식단				
선호도				
섭취량				

총 배변 횟수	소변		이유식 총 섭취량(ml)	
	대변		분유(모유) 총 섭취량	
취침시간			목욕시간 (체온)	
메모				

/ / day °C

	아침	점심	저녁	간식
시간				
식단				
선호도				
섭취량				

총 배변 횟수	소변		이유식 총 섭취량(ml)	
	대변		분유(모유) 총 섭취량	
취침시간			목욕시간 (체온)	
메모				

/ / day °C

	아침	점심	저녁	간식
시간				
식단				
선호도				
섭취량				
총 배변 횟수	소변		이유식 총 섭취량(ml)	
	대변		분유(모유) 총 섭취량	
취침시간			목욕시간 (체온)	
메모				

/ / day °C

	아침	점심	저녁	간식
시간				
식단				
선호도				
섭취량				
총 배변 횟수	소변		이유식 총 섭취량(ml)	
	대변		분유(모유) 총 섭취량	
취침시간			목욕시간 (체온)	
메모				

/ / day °C

	아침	점심	저녁	간식
시간				
식단				
선호도				
섭취량				

총 배변 횟수	소변		이유식 총 섭취량(ml)	
	대변		분유(모유) 총 섭취량	
취침시간			목욕시간 (체온)	
메모				

/ / day °C

	아침	점심	저녁	간식
시간				
식단				
선호도				
섭취량				

총 배변 횟수	소변		이유식 총 섭취량(ml)	
	대변		분유(모유) 총 섭취량	
취침시간			목욕시간 (체온)	
메모				

/ / day °C

	아침	점심	저녁	간식
시간				
식단				
선호도				
섭취량				

총 배변 횟수	소변	이유식 총 섭취량(ml)	
	대변	분유(모유) 총 섭취량	
취침시간		목욕시간 (체온)	
메모			

/ / day °C

	아침	점심	저녁	간식
시간				
식단				
선호도				
섭취량				

총 배변 횟수	소변	이유식 총 섭취량(ml)	
	대변	분유(모유) 총 섭취량	
취침시간		목욕시간 (체온)	
메모			

/ / day °C

	아침	점심	저녁	간식
시간				
식단				
선호도				
섭취량				

총 배변 횟수	소변		이유식 총 섭취량(ml)	
	대변		분유(모유) 총 섭취량	
취침시간			목욕시간 (체온)	
메모				

/ / day °C

	아침	점심	저녁	간식
시간				
식단				
선호도				
섭취량				

총 배변 횟수	소변		이유식 총 섭취량(ml)	
	대변		분유(모유) 총 섭취량	
취침시간			목욕시간 (체온)	
메모				

/ / day °C

	아침	점심	저녁	간식
시간				
식단				
선호도				
섭취량				

총 배변 횟수	소변	이유식 총 섭취량(ml)	
	대변	분유(모유) 총 섭취량	
취침시간		목욕시간 (체온)	
메모			

/ / day °C

	아침	점심	저녁	간식
시간				
식단				
선호도				
섭취량				

총 배변 횟수	소변	이유식 총 섭취량(ml)	
	대변	분유(모유) 총 섭취량	
취침시간		목욕시간 (체온)	
메모			

/ / day °C

	아침	점심	저녁	간식
시간				
식단				
선호도				
섭취량				
총 배변 횟수	소변		이유식 총 섭취량(ml)	
	대변		분유(모유) 총 섭취량	
취침시간			목욕시간 (체온)	
메모				

/ / day °C

	아침	점심	저녁	간식
시간				
식단				
선호도				
섭취량				
총 배변 횟수	소변		이유식 총 섭취량(ml)	
	대변		분유(모유) 총 섭취량	
취침시간			목욕시간 (체온)	
메모				

/ / day °C

	아침	점심	저녁	간식
시간				
식단				
선호도				
섭취량				

총 배변 횟수	소변		이유식 총 섭취량(ml)	
	대변		분유(모유) 총 섭취량	
취침시간			목욕시간 (체온)	
메모				

/ / day °C

	아침	점심	저녁	간식
시간				
식단				
선호도				
섭취량				

총 배변 횟수	소변		이유식 총 섭취량(ml)	
	대변		분유(모유) 총 섭취량	
취침시간			목욕시간 (체온)	
메모				

/ / day ℃

	아침	점심	저녁	간식
시간				
식단				
선호도				
섭취량				

총 배변 횟수	소변		이유식 총 섭취량(ml)	
	대변		분유(모유) 총 섭취량	
취침시간			목욕시간 (체온)	
메모				

/ / day ℃

	아침	점심	저녁	간식
시간				
식단				
선호도				
섭취량				

총 배변 횟수	소변		이유식 총 섭취량(ml)	
	대변		분유(모유) 총 섭취량	
취침시간			목욕시간 (체온)	
메모				

/ / day °C

	아침	점심	저녁	간식
시간				
식단				
선호도				
섭취량				

총 배변 횟수	소변		이유식 총 섭취량(ml)	
	대변		분유(모유) 총 섭취량	
취침시간			목욕시간 (체온)	
메모				

/ / day °C

	아침	점심	저녁	간식
시간				
식단				
선호도				
섭취량				

총 배변 횟수	소변		이유식 총 섭취량(ml)	
	대변		분유(모유) 총 섭취량	
취침시간			목욕시간 (체온)	
메모				

/ / day °C

	아침	점심	저녁	간식
시간				
식단				
선호도				
섭취량				

총 배변 횟수	소변		이유식 총 섭취량(ml)	
	대변		분유(모유) 총 섭취량	
취침시간			목욕시간 (체온)	
메모				

/ / day °C

	아침	점심	저녁	간식
시간				
식단				
선호도				
섭취량				

총 배변 횟수	소변		이유식 총 섭취량(ml)	
	대변		분유(모유) 총 섭취량	
취침시간			목욕시간 (체온)	
메모				

/ / day °C

	아침	점심	저녁	간식
시간				
식단				
선호도				
섭취량				

총 배변 횟수	소변		이유식 총 섭취량(ml)	
	대변		분유(모유) 총 섭취량	
취침시간			목욕시간 (체온)	
메모				

/ / day °C

	아침	점심	저녁	간식
시간				
식단				
선호도				
섭취량				

총 배변 횟수	소변		이유식 총 섭취량(ml)	
	대변		분유(모유) 총 섭취량	
취침시간			목욕시간 (체온)	
메모				

/ / day °C

	아침	점심	저녁	간식
시간				
식단				
선호도				
섭취량				

총 배변 횟수	소변		이유식 총 섭취량(ml)	
	대변		분유(모유) 총 섭취량	
취침시간			목욕시간 (체온)	
메모				

/ / day °C

	아침	점심	저녁	간식
시간				
식단				
선호도				
섭취량				

총 배변 횟수	소변		이유식 총 섭취량(ml)	
	대변		분유(모유) 총 섭취량	
취침시간			목욕시간 (체온)	
메모				

/ / day °C

	아침	점심	저녁	간식
시간				
식단				
선호도				
섭취량				

총 배변 횟수	소변		이유식 총 섭취량(ml)	
	대변		분유(모유) 총 섭취량	
취침시간			목욕시간 (체온)	
메모				

/ / day °C

	아침	점심	저녁	간식
시간				
식단				
선호도				
섭취량				

총 배변 횟수	소변		이유식 총 섭취량(ml)	
	대변		분유(모유) 총 섭취량	
취침시간			목욕시간 (체온)	
메모				

/ / day °C

	아침	점심	저녁	간식
시간				
식단				
선호도				
섭취량				

총 배변 횟수	소변		이유식 총 섭취량(ml)	
	대변		분유(모유) 총 섭취량	
취침시간			목욕시간 (체온)	
메모				

/ / day °C

	아침	점심	저녁	간식
시간				
식단				
선호도				
섭취량				

총 배변 횟수	소변		이유식 총 섭취량(ml)	
	대변		분유(모유) 총 섭취량	
취침시간			목욕시간 (체온)	
메모				

/ / day °C

	아침	점심	저녁	간식
시간				
식단				
선호도				
섭취량				

총 배변 횟수	소변		이유식 총 섭취량(ml)	
	대변		분유(모유) 총 섭취량	
취침시간			목욕시간 (체온)	
메모				

/ / day °C

	아침	점심	저녁	간식
시간				
식단				
선호도				
섭취량				

총 배변 횟수	소변		이유식 총 섭취량(ml)	
	대변		분유(모유) 총 섭취량	
취침시간			목욕시간 (체온)	
메모				

/ / day °C

	아침	점심	저녁	간식
시간				
식단				
선호도				
섭취량				

총 배변 횟수	소변		이유식 총 섭취량(ml)	
	대변		분유(모유) 총 섭취량	
취침시간			목욕시간 (체온)	
메모				

/ / day °C

	아침	점심	저녁	간식
시간				
식단				
선호도				
섭취량				

총 배변 횟수	소변		이유식 총 섭취량(ml)	
	대변		분유(모유) 총 섭취량	
취침시간			목욕시간 (체온)	
메모				

/ / day °C

	아침	점심	저녁	간식
시간				
식단				
선호도				
섭취량				

총 배변 횟수	소변		이유식 총 섭취량(ml)	
	대변		분유(모유) 총 섭취량	
취침시간			목욕시간 (체온)	
메모				

/ / day °C

	아침	점심	저녁	간식
시간				
식단				
선호도				
섭취량				

총 배변 횟수	소변		이유식 총 섭취량(ml)	
	대변		분유(모유) 총 섭취량	
취침시간			목욕시간 (체온)	
메모				

/ / day °C

	아침	점심	저녁	간식
시간				
식단				
선호도				
섭취량				

총 배변 횟수	소변		이유식 총 섭취량(ml)	
	대변		분유(모유) 총 섭취량	
취침시간			목욕시간 (체온)	
메모				

/ / day °C

	아침	점심	저녁	간식
시간				
식단				
선호도				
섭취량				

총 배변 횟수	소변		이유식 총 섭취량(ml)	
	대변		분유(모유) 총 섭취량	
취침시간			목욕시간 (체온)	
메모				

/ / day °C

	아침	점심	저녁	간식
시간				
식단				
선호도				
섭취량				

총 배변 횟수	소변	이유식 총 섭취량(ml)
	대변	분유(모유) 총 섭취량
취침시간		목욕시간 (체온)
메모		

/ / day °C

	아침	점심	저녁	간식
시간				
식단				
선호도				
섭취량				

총 배변 횟수	소변	이유식 총 섭취량(ml)
	대변	분유(모유) 총 섭취량
취침시간		목욕시간 (체온)
메모		

/ / day °C

	아침	점심	저녁	간식
시간				
식단				
선호도				
섭취량				

총 배변 횟수	소변		이유식 총 섭취량(ml)	
	대변		분유(모유) 총 섭취량	
취침시간			목욕시간 (체온)	
메모				

/ / day °C

	아침	점심	저녁	간식
시간				
식단				
선호도				
섭취량				

총 배변 횟수	소변		이유식 총 섭취량(ml)	
	대변		분유(모유) 총 섭취량	
취침시간			목욕시간 (체온)	
메모				

/ / day °C

	아침	점심	저녁	간식
시간				
식단				
선호도				
섭취량				

총 배변 횟수	소변		이유식 총 섭취량(ml)	
	대변		분유(모유) 총 섭취량	
취침시간			목욕시간 (체온)	
메모				

/ / day °C

	아침	점심	저녁	간식
시간				
식단				
선호도				
섭취량				

총 배변 횟수	소변		이유식 총 섭취량(ml)	
	대변		분유(모유) 총 섭취량	
취침시간			목욕시간 (체온)	
메모				

/ / day °C

	아침	점심	저녁	간식
시간				
식단				
선호도				
섭취량				

총 배변 횟수	소변		이유식 총 섭취량(ml)	
	대변		분유(모유) 총 섭취량	
취침시간			목욕시간 (체온)	
메모				

/ / day °C

	아침	점심	저녁	간식
시간				
식단				
선호도				
섭취량				

총 배변 횟수	소변		이유식 총 섭취량(ml)	
	대변		분유(모유) 총 섭취량	
취침시간			목욕시간 (체온)	
메모				

/ / day °C

	아침	점심	저녁	간식
시간				
식단				
선호도				
섭취량				

총 배변 횟수	소변		이유식 총 섭취량(ml)	
	대변		분유(모유) 총 섭취량	
취침시간			목욕시간 (체온)	
메모				

/ / day °C

	아침	점심	저녁	간식
시간				
식단				
선호도				
섭취량				

총 배변 횟수	소변		이유식 총 섭취량(ml)	
	대변		분유(모유) 총 섭취량	
취침시간			목욕시간 (체온)	
메모				

/ / day °C

	아침	점심	저녁	간식
시간				
식단				
선호도				
섭취량				

총 배변 횟수	소변		이유식 총 섭취량(ml)	
	대변		분유(모유) 총 섭취량	
취침시간			목욕시간 (체온)	
메모				

/ / day °C

	아침	점심	저녁	간식
시간				
식단				
선호도				
섭취량				

총 배변 횟수	소변		이유식 총 섭취량(ml)	
	대변		분유(모유) 총 섭취량	
취침시간			목욕시간 (체온)	
메모				

/ / day °C

	아침	점심	저녁	간식
시간				
식단				
선호도				
섭취량				

총 배변 횟수	소변		이유식 총 섭취량(ml)	
	대변		분유(모유) 총 섭취량	
취침시간			목욕시간 (체온)	
메모				

/ / day °C

	아침	점심	저녁	간식
시간				
식단				
선호도				
섭취량				

총 배변 횟수	소변		이유식 총 섭취량(ml)	
	대변		분유(모유) 총 섭취량	
취침시간			목욕시간 (체온)	
메모				

/ / day °C

	아침	점심	저녁	간식
시간				
식단				
선호도				
섭취량				

총 배변 횟수	소변		이유식 총 섭취량(ml)	
	대변		분유(모유) 총 섭취량	
취침시간			목욕시간 (체온)	
메모				

/ / day °C

	아침	점심	저녁	간식
시간				
식단				
선호도				
섭취량				

총 배변 횟수	소변		이유식 총 섭취량(ml)	
	대변		분유(모유) 총 섭취량	
취침시간			목욕시간 (체온)	
메모				

/ / day °C

	아침	점심	저녁	간식
시간				
식단				
선호도				
섭취량				

총 배변 횟수	소변		이유식 총 섭취량(ml)	
	대변		분유(모유) 총 섭취량	
취침시간			목욕시간 (체온)	
메모				

/ / day °C

	아침	점심	저녁	간식
시간				
식단				
선호도				
섭취량				

총 배변 횟수	소변		이유식 총 섭취량(ml)	
	대변		분유(모유) 총 섭취량	
취침시간			목욕시간 (체온)	
메모				

/ / day °C

	아침	점심	저녁	간식
시간				
식단				
선호도				
섭취량				

총 배변 횟수	소변		이유식 총 섭취량(ml)	
	대변		분유(모유) 총 섭취량	
취침시간			목욕시간 (체온)	
메모				

/ / day °C

	아침	점심	저녁	간식
시간				
식단				
선호도				
섭취량				

총 배변 횟수	소변		이유식 총 섭취량(ml)	
	대변		분유(모유) 총 섭취량	
취침시간			목욕시간 (체온)	
메모				

/ / day °C

	아침	점심	저녁	간식
시간				
식단				
선호도				
섭취량				

총 배변 횟수	소변		이유식 총 섭취량(ml)	
	대변		분유(모유) 총 섭취량	
취침시간			목욕시간 (체온)	
메모				

/ / day °C

	아침	점심	저녁	간식
시간				
식단				
선호도				
섭취량				

총 배변 횟수	소변		이유식 총 섭취량(ml)	
	대변		분유(모유) 총 섭취량	
취침시간			목욕시간 (체온)	
메모				

/ / day °C

	아침	점심	저녁	간식
시간				
식단				
선호도				
섭취량				

총 배변 횟수	소변		이유식 총 섭취량(ml)	
	대변		분유(모유) 총 섭취량	
취침시간			목욕시간 (체온)	
메모				

/ / day °C

	아침	점심	저녁	간식
시간				
식단				
선호도				
섭취량				

총 배변 횟수	소변		이유식 총 섭취량(ml)	
	대변		분유(모유) 총 섭취량	
취침시간			목욕시간 (체온)	
메모				

/ / day °C

	아침	점심	저녁	간식
시간				
식단				
선호도				
섭취량				

총 배변 횟수	소변	이유식 총 섭취량(ml)	
	대변	분유(모유) 총 섭취량	
취침시간		목욕시간 (체온)	
메모			

/ / day °C

	아침	점심	저녁	간식
시간				
식단				
선호도				
섭취량				

총 배변 횟수	소변	이유식 총 섭취량(ml)	
	대변	분유(모유) 총 섭취량	
취침시간		목욕시간 (체온)	
메모			

/ / day °C

	아침	점심	저녁	간식
시간				
식단				
선호도				
섭취량				

총 배변 횟수	소변		이유식 총 섭취량(ml)	
	대변		분유(모유) 총 섭취량	
취침시간			목욕시간 (체온)	
메모				

/ / day °C

	아침	점심	저녁	간식
시간				
식단				
선호도				
섭취량				

총 배변 횟수	소변		이유식 총 섭취량(ml)	
	대변		분유(모유) 총 섭취량	
취침시간			목욕시간 (체온)	
메모				

/ / day °C

	아침	점심	저녁	간식
시간				
식단				
선호도				
섭취량				

총 배변 횟수	소변		이유식 총 섭취량(ml)	
	대변		분유(모유) 총 섭취량	
취침시간			목욕시간 (체온)	
메모				

/ / day °C

	아침	점심	저녁	간식
시간				
식단				
선호도				
섭취량				

총 배변 횟수	소변		이유식 총 섭취량(ml)	
	대변		분유(모유) 총 섭취량	
취침시간			목욕시간 (체온)	
메모				

/ / day °C

	아침	점심	저녁	간식
시간				
식단				
선호도				
섭취량				

총 배변 횟수	소변		이유식 총 섭취량(ml)	
	대변		분유(모유) 총 섭취량	
취침시간			목욕시간 (체온)	
메모				

/ / day °C

	아침	점심	저녁	간식
시간				
식단				
선호도				
섭취량				

총 배변 횟수	소변		이유식 총 섭취량(ml)	
	대변		분유(모유) 총 섭취량	
취침시간			목욕시간 (체온)	
메모				

/ / day °C

	아침	점심	저녁	간식
시간				
식단				
선호도				
섭취량				

총 배변 횟수	소변	이유식 총 섭취량(ml)	
	대변	분유(모유) 총 섭취량	
취침시간		목욕시간 (체온)	
메모			

/ / day °C

	아침	점심	저녁	간식
시간				
식단				
선호도				
섭취량				

총 배변 횟수	소변	이유식 총 섭취량(ml)	
	대변	분유(모유) 총 섭취량	
취침시간		목욕시간 (체온)	
메모			

/ / day °C

	아침	점심	저녁	간식
시간				
식단				
선호도				
섭취량				

총 배변 횟수	소변		이유식 총 섭취량(ml)	
	대변		분유(모유) 총 섭취량	
취침시간			목욕시간 (체온)	
메모				

/ / day °C

	아침	점심	저녁	간식
시간				
식단				
선호도				
섭취량				

총 배변 횟수	소변		이유식 총 섭취량(ml)	
	대변		분유(모유) 총 섭취량	
취침시간			목욕시간 (체온)	
메모				

/ / day °C

	아침	점심	저녁	간식
시간				
식단				
선호도				
섭취량				

총 배변 횟수	소변		이유식 총 섭취량(ml)	
	대변		분유(모유) 총 섭취량	
취침시간			목욕시간 (체온)	
메모				

/ / day °C

	아침	점심	저녁	간식
시간				
식단				
선호도				
섭취량				

총 배변 횟수	소변		이유식 총 섭취량(ml)	
	대변		분유(모유) 총 섭취량	
취침시간			목욕시간 (체온)	
메모				

/ / day °C

	아침	점심	저녁	간식
시간				
식단				
선호도				
섭취량				

총 배변 횟수	소변		이유식 총 섭취량(ml)	
	대변		분유(모유) 총 섭취량	
취침시간			목욕시간 (체온)	
메모				

/ / day °C

	아침	점심	저녁	간식
시간				
식단				
선호도				
섭취량				

총 배변 횟수	소변		이유식 총 섭취량(ml)	
	대변		분유(모유) 총 섭취량	
취침시간			목욕시간 (체온)	
메모				

/ / day °C

	아침	점심	저녁	간식
시간				
식단				
선호도				
섭취량				

총 배변 횟수	소변		이유식 총 섭취량(ml)	
	대변		분유(모유) 총 섭취량	
취침시간			목욕시간 (체온)	
메모				

/ / day °C

	아침	점심	저녁	간식
시간				
식단				
선호도				
섭취량				

총 배변 횟수	소변		이유식 총 섭취량(ml)	
	대변		분유(모유) 총 섭취량	
취침시간			목욕시간 (체온)	
메모				

/ / day °C

	아침	점심	저녁	간식
시간				
식단				
선호도				
섭취량				

총 배변 횟수	소변		이유식 총 섭취량(ml)	
	대변		분유(모유) 총 섭취량	
취침시간			목욕시간 (체온)	
메모				

/ / day °C

	아침	점심	저녁	간식
시간				
식단				
선호도				
섭취량				

총 배변 횟수	소변		이유식 총 섭취량(ml)	
	대변		분유(모유) 총 섭취량	
취침시간			목욕시간 (체온)	
메모				

/ / day °C

	아침	점심	저녁	간식
시간				
식단				
선호도				
섭취량				

총 배변 횟수	소변	이유식 총 섭취량(ml)	
	대변	분유(모유) 총 섭취량	
취침시간		목욕시간 (체온)	
메모			

/ / day °C

	아침	점심	저녁	간식
시간				
식단				
선호도				
섭취량				

총 배변 횟수	소변	이유식 총 섭취량(ml)	
	대변	분유(모유) 총 섭취량	
취침시간		목욕시간 (체온)	
메모			

/ / day °C

	아침	점심	저녁	간식
시간				
식단				
선호도				
섭취량				
총 배변 횟수	소변		이유식 총 섭취량(ml)	
	대변		분유(모유) 총 섭취량	
취침시간			목욕시간 (체온)	
메모				

/ / day °C

	아침	점심	저녁	간식
시간				
식단				
선호도				
섭취량				
총 배변 횟수	소변		이유식 총 섭취량(ml)	
	대변		분유(모유) 총 섭취량	
취침시간			목욕시간 (체온)	
메모				

/ / day °C

	아침	점심	저녁	간식
시간				
식단				
선호도				
섭취량				

총 배변 횟수	소변		이유식 총 섭취량(ml)	
	대변		분유(모유) 총 섭취량	
취침시간			목욕시간 (체온)	
메모				

/ / day °C

	아침	점심	저녁	간식
시간				
식단				
선호도				
섭취량				

총 배변 횟수	소변		이유식 총 섭취량(ml)	
	대변		분유(모유) 총 섭취량	
취침시간			목욕시간 (체온)	
메모				

/ / day °C

	아침	점심	저녁	간식
시간				
식단				
선호도				
섭취량				

총 배변 횟수	소변		이유식 총 섭취량(ml)	
	대변		분유(모유) 총 섭취량	
취침시간			목욕시간 (체온)	
메모				

/ / day °C

	아침	점심	저녁	간식
시간				
식단				
선호도				
섭취량				

총 배변 횟수	소변		이유식 총 섭취량(ml)	
	대변		분유(모유) 총 섭취량	
취침시간			목욕시간 (체온)	
메모				

/ / day °C

	아침	점심	저녁	간식
시간				
식단				
선호도				
섭취량				

총 배변 횟수	소변		이유식 총 섭취량(ml)	
	대변		분유(모유) 총 섭취량	
취침시간			목욕시간 (체온)	
메모				

/ / day °C

	아침	점심	저녁	간식
시간				
식단				
선호도				
섭취량				

총 배변 횟수	소변		이유식 총 섭취량(ml)	
	대변		분유(모유) 총 섭취량	
취침시간			목욕시간 (체온)	
메모				

/ / day °C

	아침	점심	저녁	간식
시간				
식단				
선호도				
섭취량				

총 배변 횟수	소변		이유식 총 섭취량(ml)	
	대변		분유(모유) 총 섭취량	
취침시간			목욕시간 (체온)	
메모				

/ / day °C

	아침	점심	저녁	간식
시간				
식단				
선호도				
섭취량				

총 배변 횟수	소변		이유식 총 섭취량(ml)	
	대변		분유(모유) 총 섭취량	
취침시간			목욕시간 (체온)	
메모				

/ / day °C

	아침	점심	저녁	간식
시간				
식단				
선호도				
섭취량				

총 배변 횟수	소변		이유식 총 섭취량(ml)	
	대변		분유(모유) 총 섭취량	
취침시간			목욕시간 (체온)	
메모				

/ / day °C

	아침	점심	저녁	간식
시간				
식단				
선호도				
섭취량				

총 배변 횟수	소변		이유식 총 섭취량(ml)	
	대변		분유(모유) 총 섭취량	
취침시간			목욕시간 (체온)	
메모				

/ / day °C

	아침	점심	저녁	간식
시간				
식단				
선호도				
섭취량				

총 배변 횟수	소변		이유식 총 섭취량(ml)	
	대변		분유(모유) 총 섭취량	
취침시간			목욕시간 (체온)	
메모				

/ / day °C

	아침	점심	저녁	간식
시간				
식단				
선호도				
섭취량				

총 배변 횟수	소변		이유식 총 섭취량(ml)	
	대변		분유(모유) 총 섭취량	
취침시간			목욕시간 (체온)	
메모				

/ / day °C

	아침	점심	저녁	간식
시간				
식단				
선호도				
섭취량				

총 배변 횟수	소변		이유식 총 섭취량(ml)	
	대변		분유(모유) 총 섭취량	
취침시간			목욕시간 (체온)	
메모				

/ / day °C

	아침	점심	저녁	간식
시간				
식단				
선호도				
섭취량				

총 배변 횟수	소변		이유식 총 섭취량(ml)	
	대변		분유(모유) 총 섭취량	
취침시간			목욕시간 (체온)	
메모				

/ / day °C

	아침	점심	저녁	간식
시간				
식단				
선호도				
섭취량				

총 배변 횟수	소변		이유식 총 섭취량(ml)	
	대변		분유(모유) 총 섭취량	
취침시간			목욕시간 (체온)	
메모				

/ / day °C

	아침	점심	저녁	간식
시간				
식단				
선호도				
섭취량				

총 배변 횟수	소변		이유식 총 섭취량(ml)	
	대변		분유(모유) 총 섭취량	
취침시간			목욕시간 (체온)	
메모				

/ / day °C

	아침	점심	저녁	간식
시간				
식단				
선호도				
섭취량				

총 배변 횟수	소변	이유식 총 섭취량(ml)	
	대변	분유(모유) 총 섭취량	
취침시간		목욕시간 (체온)	
메모			

/ / day °C

	아침	점심	저녁	간식
시간				
식단				
선호도				
섭취량				

총 배변 횟수	소변	이유식 총 섭취량(ml)	
	대변	분유(모유) 총 섭취량	
취침시간		목욕시간 (체온)	
메모			

/ / day °C

	아침	점심	저녁	간식
시간				
식단				
선호도				
섭취량				
총 배변 횟수	소변		이유식 총 섭취량(ml)	
	대변		분유(모유) 총 섭취량	
취침시간			목욕시간 (체온)	
메모				

/ / day °C

	아침	점심	저녁	간식
시간				
식단				
선호도				
섭취량				
총 배변 횟수	소변		이유식 총 섭취량(ml)	
	대변		분유(모유) 총 섭취량	
취침시간			목욕시간 (체온)	
메모				

/ / day °C

	아침	점심	저녁	간식
시간				
식단				
선호도				
섭취량				

총 배변 횟수	소변		이유식 총 섭취량(ml)	
	대변		분유(모유) 총 섭취량	
취침시간			목욕시간 (체온)	
메모				

/ / day °C

	아침	점심	저녁	간식
시간				
식단				
선호도				
섭취량				

총 배변 횟수	소변		이유식 총 섭취량(ml)	
	대변		분유(모유) 총 섭취량	
취침시간			목욕시간 (체온)	
메모				

/ / day °C

	아침	점심	저녁	간식
시간				
식단				
선호도				
섭취량				

총 배변 횟수	소변		이유식 총 섭취량(ml)	
	대변		분유(모유) 총 섭취량	
취침시간			목욕시간 (체온)	
메모				

/ / day °C

	아침	점심	저녁	간식
시간				
식단				
선호도				
섭취량				

총 배변 횟수	소변		이유식 총 섭취량(ml)	
	대변		분유(모유) 총 섭취량	
취침시간			목욕시간 (체온)	
메모				

/ / day °C

	아침	점심	저녁	간식
시간				
식단				
선호도				
섭취량				

총 배변 횟수	소변		이유식 총 섭취량(ml)	
	대변		분유(모유) 총 섭취량	
취침시간			목욕시간 (체온)	
메모				

/ / day °C

	아침	점심	저녁	간식
시간				
식단				
선호도				
섭취량				

총 배변 횟수	소변		이유식 총 섭취량(ml)	
	대변		분유(모유) 총 섭취량	
취침시간			목욕시간 (체온)	
메모				

/ / day °C

	아침	점심	저녁	간식
시간				
식단				
선호도				
섭취량				

총 배변 횟수	소변		이유식 총 섭취량(ml)	
	대변		분유(모유) 총 섭취량	
취침시간			목욕시간 (체온)	
메모				

/ / day °C

	아침	점심	저녁	간식
시간				
식단				
선호도				
섭취량				

총 배변 횟수	소변		이유식 총 섭취량(ml)	
	대변		분유(모유) 총 섭취량	
취침시간			목욕시간 (체온)	
메모				

/ / day °C

	아침	점심	저녁	간식
시간				
식단				
선호도				
섭취량				

총 배변 횟수	소변		이유식 총 섭취량(ml)	
	대변		분유(모유) 총 섭취량	
취침시간			목욕시간 (체온)	
메모				

/ / day °C

	아침	점심	저녁	간식
시간				
식단				
선호도				
섭취량				

총 배변 횟수	소변		이유식 총 섭취량(ml)	
	대변		분유(모유) 총 섭취량	
취침시간			목욕시간 (체온)	
메모				

/ / day °C

	아침	점심	저녁	간식
시간				
식단				
선호도				
섭취량				

총 배변 횟수	소변		이유식 총 섭취량(ml)	
	대변		분유(모유) 총 섭취량	
취침시간			목욕시간 (체온)	
메모				

/ / day °C

	아침	점심	저녁	간식
시간				
식단				
선호도				
섭취량				

총 배변 횟수	소변		이유식 총 섭취량(ml)	
	대변		분유(모유) 총 섭취량	
취침시간			목욕시간 (체온)	
메모				

/ / day °C

	아침	점심	저녁	간식
시간				
식단				
선호도				
섭취량				

총 배변 횟수	소변		이유식 총 섭취량(ml)	
	대변		분유(모유) 총 섭취량	
취침시간			목욕시간 (체온)	
메모				

/ / day °C

	아침	점심	저녁	간식
시간				
식단				
선호도				
섭취량				

총 배변 횟수	소변		이유식 총 섭취량(ml)	
	대변		분유(모유) 총 섭취량	
취침시간			목욕시간 (체온)	
메모				

/ / day °C

	아침	점심	저녁	간식
시간				
식단				
선호도				
섭취량				
총 배변 횟수	소변		이유식 총 섭취량(ml)	
	대변		분유(모유) 총 섭취량	
취침시간			목욕시간 (체온)	
메모				

/ / day °C

	아침	점심	저녁	간식
시간				
식단				
선호도				
섭취량				
총 배변 횟수	소변		이유식 총 섭취량(ml)	
	대변		분유(모유) 총 섭취량	
취침시간			목욕시간 (체온)	
메모				

/ / day °C

	아침	점심	저녁	간식
시간				
식단				
선호도				
섭취량				

총 배변 횟수	소변		이유식 총 섭취량(ml)	
	대변		분유(모유) 총 섭취량	
취침시간			목욕시간 (체온)	
메모				

/ / day °C

	아침	점심	저녁	간식
시간				
식단				
선호도				
섭취량				

총 배변 횟수	소변		이유식 총 섭취량(ml)	
	대변		분유(모유) 총 섭취량	
취침시간			목욕시간 (체온)	
메모				

/ / day °C

	아침	점심	저녁	간식
시간				
식단				
선호도				
섭취량				

총 배변 횟수	소변		이유식 총 섭취량(ml)	
	대변		분유(모유) 총 섭취량	
취침시간			목욕시간 (체온)	
메모				

/ / day °C

	아침	점심	저녁	간식
시간				
식단				
선호도				
섭취량				

총 배변 횟수	소변		이유식 총 섭취량(ml)	
	대변		분유(모유) 총 섭취량	
취침시간			목욕시간 (체온)	
메모				

/ / day °C

	아침	점심	저녁	간식
시간				
식단				
선호도				
섭취량				

총 배변 횟수	소변	이유식 총 섭취량(ml)	
	대변	분유(모유) 총 섭취량	
취침시간		목욕시간 (체온)	
메모			

/ / day °C

	아침	점심	저녁	간식
시간				
식단				
선호도				
섭취량				

총 배변 횟수	소변	이유식 총 섭취량(ml)	
	대변	분유(모유) 총 섭취량	
취침시간		목욕시간 (체온)	
메모			

/ / day °C

	아침	점심	저녁	간식
시간				
식단				
선호도				
섭취량				

총 배변 횟수	소변		이유식 총 섭취량(ml)	
	대변		분유(모유) 총 섭취량	
취침시간			목욕시간 (체온)	
메모				

/ / day °C

	아침	점심	저녁	간식
시간				
식단				
선호도				
섭취량				

총 배변 횟수	소변		이유식 총 섭취량(ml)	
	대변		분유(모유) 총 섭취량	
취침시간			목욕시간 (체온)	
메모				

/ / day °C

	아침	점심	저녁	간식
시간				
식단				
선호도				
섭취량				

총 배변 횟수	소변		이유식 총 섭취량(ml)	
	대변		분유(모유) 총 섭취량	
취침시간			목욕시간 (체온)	
메모				

/ / day °C

	아침	점심	저녁	간식
시간				
식단				
선호도				
섭취량				

총 배변 횟수	소변		이유식 총 섭취량(ml)	
	대변		분유(모유) 총 섭취량	
취침시간			목욕시간 (체온)	
메모				

/ / day °C

	아침	점심	저녁	간식
시간				
식단				
선호도				
섭취량				

총 배변 횟수	소변		이유식 총 섭취량(ml)	
	대변		분유(모유) 총 섭취량	
취침시간			목욕시간 (체온)	
메모				

/ / day °C

	아침	점심	저녁	간식
시간				
식단				
선호도				
섭취량				

총 배변 횟수	소변		이유식 총 섭취량(ml)	
	대변		분유(모유) 총 섭취량	
취침시간			목욕시간 (체온)	
메모				

/ / day °C

	아침	점심	저녁	간식
시간				
식단				
선호도				
섭취량				

총 배변 횟수	소변		이유식 총 섭취량(ml)	
	대변		분유(모유) 총 섭취량	
취침시간			목욕시간 (체온)	
메모				

/ / day °C

	아침	점심	저녁	간식
시간				
식단				
선호도				
섭취량				

총 배변 횟수	소변		이유식 총 섭취량(ml)	
	대변		분유(모유) 총 섭취량	
취침시간			목욕시간 (체온)	
메모				

/ / day °C

	아침	점심	저녁	간식
시간				
식단				
선호도				
섭취량				

총 배변 횟수	소변		이유식 총 섭취량(ml)	
	대변		분유(모유) 총 섭취량	
취침시간			목욕시간 (체온)	
메모				

/ / day °C

	아침	점심	저녁	간식
시간				
식단				
선호도				
섭취량				

총 배변 횟수	소변		이유식 총 섭취량(ml)	
	대변		분유(모유) 총 섭취량	
취침시간			목욕시간 (체온)	
메모				

/ / day °C

	아침	점심	저녁	간식
시간				
식단				
선호도				
섭취량				

총 배변 횟수	소변	이유식 총 섭취량(ml)	
	대변	분유(모유) 총 섭취량	
취침시간		목욕시간 (체온)	
메모			

/ / day °C

	아침	점심	저녁	간식
시간				
식단				
선호도				
섭취량				

총 배변 횟수	소변	이유식 총 섭취량(ml)	
	대변	분유(모유) 총 섭취량	
취침시간		목욕시간 (체온)	
메모			

/ / day °C

	아침	점심	저녁	간식
시간				
식단				
선호도				
섭취량				

총 배변 횟수	소변		이유식 총 섭취량(ml)	
	대변		분유(모유) 총 섭취량	
취침시간			목욕시간 (체온)	
메모				

/ / day °C

	아침	점심	저녁	간식
시간				
식단				
선호도				
섭취량				

총 배변 횟수	소변		이유식 총 섭취량(ml)	
	대변		분유(모유) 총 섭취량	
취침시간			목욕시간 (체온)	
메모				

/ / day °C

	아침	점심	저녁	간식
시간				
식단				
선호도				
섭취량				

총 배변 횟수	소변	이유식 총 섭취량(ml)	
	대변	분유(모유) 총 섭취량	
취침시간		목욕시간 (체온)	
메모			

/ / day °C

	아침	점심	저녁	간식
시간				
식단				
선호도				
섭취량				

총 배변 횟수	소변	이유식 총 섭취량(ml)	
	대변	분유(모유) 총 섭취량	
취침시간		목욕시간 (체온)	
메모			

/ / day °C

	아침	점심	저녁	간식
시간				
식단				
선호도				
섭취량				

총 배변 횟수	소변		이유식 총 섭취량(ml)	
	대변		분유(모유) 총 섭취량	
취침시간			목욕시간 (체온)	
메모				

/ / day °C

	아침	점심	저녁	간식
시간				
식단				
선호도				
섭취량				

총 배변 횟수	소변		이유식 총 섭취량(ml)	
	대변		분유(모유) 총 섭취량	
취침시간			목욕시간 (체온)	
메모				

/ / day °C

	아침	점심	저녁	간식
시간				
식단				
선호도				
섭취량				

총 배변 횟수	소변		이유식 총 섭취량(ml)	
	대변		분유(모유) 총 섭취량	
취침시간			목욕시간 (체온)	
메모				

/ / day °C

	아침	점심	저녁	간식
시간				
식단				
선호도				
섭취량				

총 배변 횟수	소변		이유식 총 섭취량(ml)	
	대변		분유(모유) 총 섭취량	
취침시간			목욕시간 (체온)	
메모				

/ / day °C

	아침	점심	저녁	간식
시간				
식단				
선호도				
섭취량				

총 배변 횟수	소변		이유식 총 섭취량(ml)	
	대변		분유(모유) 총 섭취량	
취침시간			목욕시간 (체온)	
메모				

/ / day °C

	아침	점심	저녁	간식
시간				
식단				
선호도				
섭취량				

총 배변 횟수	소변		이유식 총 섭취량(ml)	
	대변		분유(모유) 총 섭취량	
취침시간			목욕시간 (체온)	
메모				

/ / day °C

	아침	점심	저녁	간식
시간				
식단				
선호도				
섭취량				

총 배변 횟수	소변		이유식 총 섭취량(ml)	
	대변		분유(모유) 총 섭취량	
취침시간			목욕시간 (체온)	
메모				

/ / day °C

	아침	점심	저녁	간식
시간				
식단				
선호도				
섭취량				

총 배변 횟수	소변		이유식 총 섭취량(ml)	
	대변		분유(모유) 총 섭취량	
취침시간			목욕시간 (체온)	
메모				

/ / day °C

	아침	점심	저녁	간식
시간				
식단				
선호도				
섭취량				

총 배변 횟수	소변		이유식 총 섭취량(ml)	
	대변		분유(모유) 총 섭취량	
취침시간			목욕시간 (체온)	
메모				

/ / day °C

	아침	점심	저녁	간식
시간				
식단				
선호도				
섭취량				

총 배변 횟수	소변		이유식 총 섭취량(ml)	
	대변		분유(모유) 총 섭취량	
취침시간			목욕시간 (체온)	
메모				

/ / day °C

	아침	점심	저녁	간식
시간				
식단				
선호도				
섭취량				

총 배변 횟수	소변		이유식 총 섭취량(ml)	
	대변		분유(모유) 총 섭취량	
취침시간			목욕시간 (체온)	
메모				

/ / day °C

	아침	점심	저녁	간식
시간				
식단				
선호도				
섭취량				

총 배변 횟수	소변		이유식 총 섭취량(ml)	
	대변		분유(모유) 총 섭취량	
취침시간			목욕시간 (체온)	
메모				

/ / day °C

	아침	점심	저녁	간식
시간				
식단				
선호도				
섭취량				

총 배변 횟수	소변		이유식 총 섭취량(ml)	
	대변		분유(모유) 총 섭취량	
취침시간			목욕시간 (체온)	
메모				

/ / day °C

	아침	점심	저녁	간식
시간				
식단				
선호도				
섭취량				

총 배변 횟수	소변		이유식 총 섭취량(ml)	
	대변		분유(모유) 총 섭취량	
취침시간			목욕시간 (체온)	
메모				

/ / day °C

	아침	점심	저녁	간식
시간				
식단				
선호도				
섭취량				

총 배변 횟수	소변		이유식 총 섭취량(ml)	
	대변		분유(모유) 총 섭취량	
취침시간			목욕시간 (체온)	
메모				

/ / day °C

	아침	점심	저녁	간식
시간				
식단				
선호도				
섭취량				

총 배변 횟수	소변		이유식 총 섭취량(ml)	
	대변		분유(모유) 총 섭취량	
취침시간			목욕시간 (체온)	
메모				

/ / day ℃

	아침	점심	저녁	간식
시간				
식단				
선호도				
섭취량				

총 배변 횟수	소변		이유식 총 섭취량(ml)	
	대변		분유(모유) 총 섭취량	
취침시간			목욕시간 (체온)	
메모				

/ / day ℃

	아침	점심	저녁	간식
시간				
식단				
선호도				
섭취량				

총 배변 횟수	소변		이유식 총 섭취량(ml)	
	대변		분유(모유) 총 섭취량	
취침시간			목욕시간 (체온)	
메모				

/ / day °C

	아침	점심	저녁	간식
시간				
식단				
선호도				
섭취량				
총 배변 횟수	소변		이유식 총 섭취량(ml)	
	대변		분유(모유) 총 섭취량	
취침시간			목욕시간 (체온)	
메모				

/ / day °C

	아침	점심	저녁	간식
시간				
식단				
선호도				
섭취량				
총 배변 횟수	소변		이유식 총 섭취량(ml)	
	대변		분유(모유) 총 섭취량	
취침시간			목욕시간 (체온)	
메모				

/ / day °C

	아침	점심	저녁	간식
시간				
식단				
선호도				
섭취량				

총 배변 횟수	소변		이유식 총 섭취량(ml)	
	대변		분유(모유) 총 섭취량	
취침시간			목욕시간 (체온)	
메모				

/ / day °C

	아침	점심	저녁	간식
시간				
식단				
선호도				
섭취량				

총 배변 횟수	소변		이유식 총 섭취량(ml)	
	대변		분유(모유) 총 섭취량	
취침시간			목욕시간 (체온)	
메모				

/ / day °C

	아침	점심	저녁	간식
시간				
식단				
선호도				
섭취량				
총 배변 횟수	소변		이유식 총 섭취량(ml)	
	대변		분유(모유) 총 섭취량	
취침시간			목욕시간 (체온)	
메모				

/ / day °C

	아침	점심	저녁	간식
시간				
식단				
선호도				
섭취량				
총 배변 횟수	소변		이유식 총 섭취량(ml)	
	대변		분유(모유) 총 섭취량	
취침시간			목욕시간 (체온)	
메모				

/ / day °C

	아침	점심	저녁	간식
시간				
식단				
선호도				
섭취량				

총 배변 횟수	소변		이유식 총 섭취량(ml)	
	대변		분유(모유) 총 섭취량	
취침시간			목욕시간 (체온)	
메모				

/ / day °C

	아침	점심	저녁	간식
시간				
식단				
선호도				
섭취량				

총 배변 횟수	소변		이유식 총 섭취량(ml)	
	대변		분유(모유) 총 섭취량	
취침시간			목욕시간 (체온)	
메모				

/ / day °C

	아침	점심	저녁	간식
시간				
식단				
선호도				
섭취량				

총 배변 횟수	소변		이유식 총 섭취량(ml)	
	대변		분유(모유) 총 섭취량	
취침시간			목욕시간 (체온)	
메모				

/ / day °C

	아침	점심	저녁	간식
시간				
식단				
선호도				
섭취량				

총 배변 횟수	소변		이유식 총 섭취량(ml)	
	대변		분유(모유) 총 섭취량	
취침시간			목욕시간 (체온)	
메모				

/ / day °C

	아침	점심	저녁	간식
시간				
식단				
선호도				
섭취량				
총 배변 횟수	소변		이유식 총 섭취량(ml)	
	대변		분유(모유) 총 섭취량	
취침시간			목욕시간 (체온)	
메모				

/ / day °C

	아침	점심	저녁	간식
시간				
식단				
선호도				
섭취량				
총 배변 횟수	소변		이유식 총 섭취량(ml)	
	대변		분유(모유) 총 섭취량	
취침시간			목욕시간 (체온)	
메모				

/ / day °C

	아침	점심	저녁	간식
시간				
식단				
선호도				
섭취량				

총 배변 횟수	소변		이유식 총 섭취량(ml)	
	대변		분유(모유) 총 섭취량	
취침시간			목욕시간 (체온)	
메모				

/ / day °C

	아침	점심	저녁	간식
시간				
식단				
선호도				
섭취량				

총 배변 횟수	소변		이유식 총 섭취량(ml)	
	대변		분유(모유) 총 섭취량	
취침시간			목욕시간 (체온)	
메모				

/ / day °C

	아침	점심	저녁	간식
시간				
식단				
선호도				
섭취량				

총 배변 횟수	소변		이유식 총 섭취량(ml)	
	대변		분유(모유) 총 섭취량	
취침시간			목욕시간 (체온)	
메모				

/ / day °C

	아침	점심	저녁	간식
시간				
식단				
선호도				
섭취량				

총 배변 횟수	소변		이유식 총 섭취량(ml)	
	대변		분유(모유) 총 섭취량	
취침시간			목욕시간 (체온)	
메모				

/ / day °C

	아침	점심	저녁	간식
시간				
식단				
선호도				
섭취량				

총 배변 횟수	소변		이유식 총 섭취량(ml)	
	대변		분유(모유) 총 섭취량	
취침시간			목욕시간 (체온)	
메모				

/ / day °C

	아침	점심	저녁	간식
시간				
식단				
선호도				
섭취량				

총 배변 횟수	소변		이유식 총 섭취량(ml)	
	대변		분유(모유) 총 섭취량	
취침시간			목욕시간 (체온)	
메모				

/ / day °C

	아침	점심	저녁	간식
시간				
식단				
선호도				
섭취량				

총 배변 횟수	소변		이유식 총 섭취량(ml)	
	대변		분유(모유) 총 섭취량	
취침시간			목욕시간 (체온)	
메모				

/ / day °C

	아침	점심	저녁	간식
시간				
식단				
선호도				
섭취량				

총 배변 횟수	소변		이유식 총 섭취량(ml)	
	대변		분유(모유) 총 섭취량	
취침시간			목욕시간 (체온)	
메모				

/ / day °C

	아침	점심	저녁	간식
시간				
식단				
선호도				
섭취량				

총 배변 횟수	소변		이유식 총 섭취량(ml)	
	대변		분유(모유) 총 섭취량	
취침시간			목욕시간 (체온)	
메모				

/ / day °C

	아침	점심	저녁	간식
시간				
식단				
선호도				
섭취량				

총 배변 횟수	소변		이유식 총 섭취량(ml)	
	대변		분유(모유) 총 섭취량	
취침시간			목욕시간 (체온)	
메모				

/ / day °C

	아침	점심	저녁	간식
시간				
식단				
선호도				
섭취량				

총 배변 횟수	소변		이유식 총 섭취량(ml)	
	대변		분유(모유) 총 섭취량	
취침시간			목욕시간 (체온)	
메모				

/ / day °C

	아침	점심	저녁	간식
시간				
식단				
선호도				
섭취량				

총 배변 횟수	소변		이유식 총 섭취량(ml)	
	대변		분유(모유) 총 섭취량	
취침시간			목욕시간 (체온)	
메모				

/ / day °C

	아침	점심	저녁	간식
시간				
식단				
선호도				
섭취량				

총 배변 횟수	소변		이유식 총 섭취량(ml)	
	대변		분유(모유) 총 섭취량	
취침시간			목욕시간 (체온)	
메모				

/ / day °C

	아침	점심	저녁	간식
시간				
식단				
선호도				
섭취량				

총 배변 횟수	소변		이유식 총 섭취량(ml)	
	대변		분유(모유) 총 섭취량	
취침시간			목욕시간 (체온)	
메모				

/ / day °C

	아침	점심	저녁	간식
시간				
식단				
선호도				
섭취량				

총 배변 횟수	소변		이유식 총 섭취량(ml)	
	대변		분유(모유) 총 섭취량	
취침시간			목욕시간 (체온)	
메모				

/ / day °C

	아침	점심	저녁	간식
시간				
식단				
선호도				
섭취량				

총 배변 횟수	소변		이유식 총 섭취량(ml)	
	대변		분유(모유) 총 섭취량	
취침시간			목욕시간 (체온)	
메모				

/ / day °C

	아침	점심	저녁	간식
시간				
식단				
선호도				
섭취량				

총 배변 횟수	소변		이유식 총 섭취량(ml)	
	대변		분유(모유) 총 섭취량	
취침시간			목욕시간 (체온)	
메모				

/ / day °C

	아침	점심	저녁	간식
시간				
식단				
선호도				
섭취량				

총 배변 횟수	소변		이유식 총 섭취량(ml)	
	대변		분유(모유) 총 섭취량	
취침시간			목욕시간 (체온)	
메모				

/ / day °C

	아침	점심	저녁	간식
시간				
식단				
선호도				
섭취량				

총 배변 횟수	소변		이유식 총 섭취량(ml)	
	대변		분유(모유) 총 섭취량	
취침시간			목욕시간 (체온)	
메모				

/ / day °C

	아침	점심	저녁	간식
시간				
식단				
선호도				
섭취량				

총 배변 횟수	소변		이유식 총 섭취량(ml)	
	대변		분유(모유) 총 섭취량	
취침시간			목욕시간 (체온)	
메모				

/ / day °C

	아침	점심	저녁	간식
시간				
식단				
선호도				
섭취량				

총 배변 횟수	소변		이유식 총 섭취량(ml)	
	대변		분유(모유) 총 섭취량	
취침시간			목욕시간 (체온)	
메모				

/ / day °C

	아침	점심	저녁	간식
시간				
식단				
선호도				
섭취량				

총 배변 횟수	소변		이유식 총 섭취량(ml)	
	대변		분유(모유) 총 섭취량	
취침시간			목욕시간 (체온)	
메모				

/ / day °C

	아침	점심	저녁	간식
시간				
식단				
선호도				
섭취량				

총 배변 횟수	소변		이유식 총 섭취량(ml)	
	대변		분유(모유) 총 섭취량	
취침시간			목욕시간 (체온)	
메모				

/ / day °C

	아침	점심	저녁	간식
시간				
식단				
선호도				
섭취량				

총 배변 횟수	소변		이유식 총 섭취량(ml)	
	대변		분유(모유) 총 섭취량	
취침시간			목욕시간 (체온)	
메모				

/ / day °C

	아침	점심	저녁	간식
시간				
식단				
선호도				
섭취량				

총 배변 횟수	소변		이유식 총 섭취량(ml)	
	대변		분유(모유) 총 섭취량	
취침시간			목욕시간 (체온)	
메모				

/ / day °C

	아침	점심	저녁	간식
시간				
식단				
선호도				
섭취량				

총 배변 횟수	소변		이유식 총 섭취량(ml)	
	대변		분유(모유) 총 섭취량	
취침시간			목욕시간 (체온)	
메모				

/ / day °C

	아침	점심	저녁	간식
시간				
식단				
선호도				
섭취량				

총 배변 횟수	소변		이유식 총 섭취량(ml)	
	대변		분유(모유) 총 섭취량	
취침시간			목욕시간 (체온)	
메모				

/ / day °C

	아침	점심	저녁	간식
시간				
식단				
선호도				
섭취량				

총 배변 횟수	소변		이유식 총 섭취량(ml)	
	대변		분유(모유) 총 섭취량	
취침시간			목욕시간 (체온)	
메모				

/ / day °C

	아침	점심	저녁	간식
시간				
식단				
선호도				
섭취량				

총 배변 횟수	소변	이유식 총 섭취량(ml)	
	대변	분유(모유) 총 섭취량	
취침시간		목욕시간 (체온)	
메모			

/ / day °C

	아침	점심	저녁	간식
시간				
식단				
선호도				
섭취량				

총 배변 횟수	소변	이유식 총 섭취량(ml)	
	대변	분유(모유) 총 섭취량	
취침시간		목욕시간 (체온)	
메모			

/ / day °C

	아침	점심	저녁	간식
시간				
식단				
선호도				
섭취량				
총 배변 횟수	소변		이유식 총 섭취량(ml)	
	대변		분유(모유) 총 섭취량	
취침시간			목욕시간 (체온)	
메모				

/ / day °C

	아침	점심	저녁	간식
시간				
식단				
선호도				
섭취량				
총 배변 횟수	소변		이유식 총 섭취량(ml)	
	대변		분유(모유) 총 섭취량	
취침시간			목욕시간 (체온)	
메모				

/ / day °C

	아침	점심	저녁	간식
시간				
식단				
선호도				
섭취량				

총 배변 횟수	소변		이유식 총 섭취량(ml)	
	대변		분유(모유) 총 섭취량	
취침시간			목욕시간 (체온)	
메모				

/ / day °C

	아침	점심	저녁	간식
시간				
식단				
선호도				
섭취량				

총 배변 횟수	소변		이유식 총 섭취량(ml)	
	대변		분유(모유) 총 섭취량	
취침시간			목욕시간 (체온)	
메모				

/ / day °C

	아침	점심	저녁	간식
시간				
식단				
선호도				
섭취량				

총 배변 횟수	소변		이유식 총 섭취량(ml)	
	대변		분유(모유) 총 섭취량	
취침시간			목욕시간 (체온)	
메모				

/ / day °C

	아침	점심	저녁	간식
시간				
식단				
선호도				
섭취량				

총 배변 횟수	소변		이유식 총 섭취량(ml)	
	대변		분유(모유) 총 섭취량	
취침시간			목욕시간 (체온)	
메모				

/ / day °C

	아침	점심	저녁	간식
시간				
식단				
선호도				
섭취량				

총 배변 횟수	소변		이유식 총 섭취량(ml)	
	대변		분유(모유) 총 섭취량	
취침시간			목욕시간 (체온)	
메모				

/ / day °C

	아침	점심	저녁	간식
시간				
식단				
선호도				
섭취량				

총 배변 횟수	소변		이유식 총 섭취량(ml)	
	대변		분유(모유) 총 섭취량	
취침시간			목욕시간 (체온)	
메모				

/ / day °C

	아침	점심	저녁	간식
시간				
식단				
선호도				
섭취량				
총 배변 횟수	소변		이유식 총 섭취량(ml)	
	대변		분유(모유) 총 섭취량	
취침시간			목욕시간 (체온)	
메모				

/ / day °C

	아침	점심	저녁	간식
시간				
식단				
선호도				
섭취량				
총 배변 횟수	소변		이유식 총 섭취량(ml)	
	대변		분유(모유) 총 섭취량	
취침시간			목욕시간 (체온)	
메모				

/ / day °C

	아침	점심	저녁	간식
시간				
식단				
선호도				
섭취량				

총 배변 횟수	소변	이유식 총 섭취량(ml)	
	대변	분유(모유) 총 섭취량	
취침시간		목욕시간 (체온)	
메모			

/ / day °C

	아침	점심	저녁	간식
시간				
식단				
선호도				
섭취량				

총 배변 횟수	소변	이유식 총 섭취량(ml)	
	대변	분유(모유) 총 섭취량	
취침시간		목욕시간 (체온)	
메모			

/ / day ℃

	아침	점심	저녁	간식
시간				
식단				
선호도				
섭취량				
총 배변 횟수	소변		이유식 총 섭취량(ml)	
	대변		분유(모유) 총 섭취량	
취침시간			목욕시간 (체온)	
메모				

/ / day ℃

	아침	점심	저녁	간식
시간				
식단				
선호도				
섭취량				
총 배변 횟수	소변		이유식 총 섭취량(ml)	
	대변		분유(모유) 총 섭취량	
취침시간			목욕시간 (체온)	
메모				

/ / day °C

	아침	점심	저녁	간식
시간				
식단				
선호도				
섭취량				
총 배변 횟수	소변		이유식 총 섭취량(ml)	
	대변		분유(모유) 총 섭취량	
취침시간			목욕시간 (체온)	
메모				

/ / day °C

	아침	점심	저녁	간식
시간				
식단				
선호도				
섭취량				
총 배변 횟수	소변		이유식 총 섭취량(ml)	
	대변		분유(모유) 총 섭취량	
취침시간			목욕시간 (체온)	
메모				

/ / day °C

	아침	점심	저녁	간식
시간				
식단				
선호도				
섭취량				
총 배변 횟수	소변		이유식 총 섭취량(ml)	
	대변		분유(모유) 총 섭취량	
취침시간			목욕시간 (체온)	
메모				

/ / day °C

	아침	점심	저녁	간식
시간				
식단				
선호도				
섭취량				
총 배변 횟수	소변		이유식 총 섭취량(ml)	
	대변		분유(모유) 총 섭취량	
취침시간			목욕시간 (체온)	
메모				

/ / day °C

	아침	점심	저녁	간식
시간				
식단				
선호도				
섭취량				

총 배변 횟수	소변		이유식 총 섭취량(ml)	
	대변		분유(모유) 총 섭취량	
취침시간			목욕시간 (체온)	
메모				

/ / day °C

	아침	점심	저녁	간식
시간				
식단				
선호도				
섭취량				

총 배변 횟수	소변		이유식 총 섭취량(ml)	
	대변		분유(모유) 총 섭취량	
취침시간			목욕시간 (체온)	
메모				

/ / day °C

	아침	점심	저녁	간식
시간				
식단				
선호도				
섭취량				
총 배변 횟수	소변		이유식 총 섭취량(ml)	
	대변		분유(모유) 총 섭취량	
취침시간			목욕시간 (체온)	
메모				

/ / day °C

	아침	점심	저녁	간식
시간				
식단				
선호도				
섭취량				
총 배변 횟수	소변		이유식 총 섭취량(ml)	
	대변		분유(모유) 총 섭취량	
취침시간			목욕시간 (체온)	
메모				

/ / day °C

	아침	점심	저녁	간식
시간				
식단				
선호도				
섭취량				

총 배변 횟수	소변	이유식 총 섭취량(ml)	
	대변	분유(모유) 총 섭취량	
취침시간		목욕시간 (체온)	
메모			

/ / day °C

	아침	점심	저녁	간식
시간				
식단				
선호도				
섭취량				

총 배변 횟수	소변	이유식 총 섭취량(ml)	
	대변	분유(모유) 총 섭취량	
취침시간		목욕시간 (체온)	
메모			

/ / day °C

	아침	점심	저녁	간식
시간				
식단				
선호도				
섭취량				

총 배변 횟수	소변		이유식 총 섭취량(ml)	
	대변		분유(모유) 총 섭취량	
취침시간			목욕시간 (체온)	
메모				

/ / day °C

	아침	점심	저녁	간식
시간				
식단				
선호도				
섭취량				

총 배변 횟수	소변		이유식 총 섭취량(ml)	
	대변		분유(모유) 총 섭취량	
취침시간			목욕시간 (체온)	
메모				

/ / day °C

	아침	점심	저녁	간식
시간				
식단				
선호도				
섭취량				

총 배변 횟수	소변		이유식 총 섭취량(ml)	
	대변		분유(모유) 총 섭취량	
취침시간			목욕시간 (체온)	
메모				

/ / day °C

	아침	점심	저녁	간식
시간				
식단				
선호도				
섭취량				

총 배변 횟수	소변		이유식 총 섭취량(ml)	
	대변		분유(모유) 총 섭취량	
취침시간			목욕시간 (체온)	
메모				

/ / day °C

	아침	점심	저녁	간식
시간				
식단				
선호도				
섭취량				

총 배변 횟수	소변		이유식 총 섭취량(ml)	
	대변		분유(모유) 총 섭취량	
취침시간			목욕시간 (체온)	
메모				

/ / day °C

	아침	점심	저녁	간식
시간				
식단				
선호도				
섭취량				

총 배변 횟수	소변		이유식 총 섭취량(ml)	
	대변		분유(모유) 총 섭취량	
취침시간			목욕시간 (체온)	
메모				

/ / day °C

	아침	점심	저녁	간식
시간				
식단				
선호도				
섭취량				

총 배변 횟수	소변		이유식 총 섭취량(ml)	
	대변		분유(모유) 총 섭취량	
취침시간			목욕시간 (체온)	
메모				

/ / day °C

	아침	점심	저녁	간식
시간				
식단				
선호도				
섭취량				

총 배변 횟수	소변		이유식 총 섭취량(ml)	
	대변		분유(모유) 총 섭취량	
취침시간			목욕시간 (체온)	
메모				

/ / day °C

	아침	점심	저녁	간식
시간				
식단				
선호도				
섭취량				

총 배변 횟수	소변		이유식 총 섭취량(ml)	
	대변		분유(모유) 총 섭취량	
취침시간			목욕시간 (체온)	
메모				

/ / day °C

	아침	점심	저녁	간식
시간				
식단				
선호도				
섭취량				

총 배변 횟수	소변		이유식 총 섭취량(ml)	
	대변		분유(모유) 총 섭취량	
취침시간			목욕시간 (체온)	
메모				

/ / day °C

	아침	점심	저녁	간식
시간				
식단				
선호도				
섭취량				

총 배변 횟수	소변		이유식 총 섭취량(ml)	
	대변		분유(모유) 총 섭취량	
취침시간			목욕시간 (체온)	
메모				

/ / day °C

	아침	점심	저녁	간식
시간				
식단				
선호도				
섭취량				

총 배변 횟수	소변		이유식 총 섭취량(ml)	
	대변		분유(모유) 총 섭취량	
취침시간			목욕시간 (체온)	
메모				

/ / day °C

	아침	점심	저녁	간식
시간				
식단				
선호도				
섭취량				

총 배변 횟수	소변		이유식 총 섭취량(ml)	
	대변		분유(모유) 총 섭취량	
취침시간			목욕시간 (체온)	
메모				

/ / day °C

	아침	점심	저녁	간식
시간				
식단				
선호도				
섭취량				

총 배변 횟수	소변		이유식 총 섭취량(ml)	
	대변		분유(모유) 총 섭취량	
취침시간			목욕시간 (체온)	
메모				

/ / day °C

	아침	점심	저녁	간식
시간				
식단				
선호도				
섭취량				

총 배변 횟수	소변		이유식 총 섭취량(ml)	
	대변		분유(모유) 총 섭취량	
취침시간			목욕시간 (체온)	
메모				

/ / day °C

	아침	점심	저녁	간식
시간				
식단				
선호도				
섭취량				

총 배변 횟수	소변		이유식 총 섭취량(ml)	
	대변		분유(모유) 총 섭취량	
취침시간			목욕시간 (체온)	
메모				

/ / day °C

	아침	점심	저녁	간식
시간				
식단				
선호도				
섭취량				

총 배변 횟수	소변		이유식 총 섭취량(ml)	
	대변		분유(모유) 총 섭취량	
취침시간			목욕시간 (체온)	
메모				

/ / day °C

	아침	점심	저녁	간식
시간				
식단				
선호도				
섭취량				

총 배변 횟수	소변		이유식 총 섭취량(ml)	
	대변		분유(모유) 총 섭취량	
취침시간			목욕시간 (체온)	
메모				

/ / day °C

	아침	점심	저녁	간식
시간				
식단				
선호도				
섭취량				

총 배변 횟수	소변		이유식 총 섭취량(ml)	
	대변		분유(모유) 총 섭취량	
취침시간			목욕시간 (체온)	
메모				

/ / day °C

	아침	점심	저녁	간식
시간				
식단				
선호도				
섭취량				

총 배변 횟수	소변		이유식 총 섭취량(ml)	
	대변		분유(모유) 총 섭취량	
취침시간			목욕시간 (체온)	
메모				

/ / day °C

	아침	점심	저녁	간식
시간				
식단				
선호도				
섭취량				

총 배변 횟수	소변		이유식 총 섭취량(ml)	
	대변		분유(모유) 총 섭취량	
취침시간			목욕시간 (체온)	
메모				

/ / day °C

	아침	점심	저녁	간식
시간				
식단				
선호도				
섭취량				

총 배변 횟수	소변		이유식 총 섭취량(ml)	
	대변		분유(모유) 총 섭취량	
취침시간			목욕시간 (체온)	
메모				

/ / day °C

	아침	점심	저녁	간식
시간				
식단				
선호도				
섭취량				

총 배변 횟수	소변		이유식 총 섭취량(ml)	
	대변		분유(모유) 총 섭취량	
취침시간			목욕시간 (체온)	
메모				

/ / day °C

	아침	점심	저녁	간식
시간				
식단				
선호도				
섭취량				

총 배변 횟수	소변		이유식 총 섭취량(ml)	
	대변		분유(모유) 총 섭취량	
취침시간			목욕시간 (체온)	
메모				

/ / day °C

	아침	점심	저녁	간식
시간				
식단				
선호도				
섭취량				

총 배변 횟수	소변		이유식 총 섭취량(ml)	
	대변		분유(모유) 총 섭취량	
취침시간			목욕시간 (체온)	
메모				

/ / day °C

	아침	점심	저녁	간식
시간				
식단				
선호도				
섭취량				

총 배변 횟수	소변		이유식 총 섭취량(ml)	
	대변		분유(모유) 총 섭취량	
취침시간			목욕시간 (체온)	
메모				

/ / day °C

	아침	점심	저녁	간식
시간				
식단				
선호도				
섭취량				

총 배변 횟수	소변		이유식 총 섭취량(ml)	
	대변		분유(모유) 총 섭취량	
취침시간			목욕시간 (체온)	
메모				

/ / day °C

	아침	점심	저녁	간식
시간				
식단				
선호도				
섭취량				

총 배변 횟수	소변		이유식 총 섭취량(ml)	
	대변		분유(모유) 총 섭취량	
취침시간			목욕시간 (체온)	
메모				

/ / day °C

	아침	점심	저녁	간식
시간				
식단				
선호도				
섭취량				

총 배변 횟수	소변		이유식 총 섭취량(ml)	
	대변		분유(모유) 총 섭취량	
취침시간			목욕시간 (체온)	
메모				

/ / day °C

	아침	점심	저녁	간식
시간				
식단				
선호도				
섭취량				

총 배변 횟수	소변		이유식 총 섭취량(ml)	
	대변		분유(모유) 총 섭취량	
취침시간			목욕시간 (체온)	
메모				

/ / day °C

	아침	점심	저녁	간식
시간				
식단				
선호도				
섭취량				

총 배변 횟수	소변		이유식 총 섭취량(ml)	
	대변		분유(모유) 총 섭취량	
취침시간			목욕시간 (체온)	
메모				

/ / day °C

	아침	점심	저녁	간식
시간				
식단				
선호도				
섭취량				

총 배변 횟수	소변		이유식 총 섭취량(ml)	
	대변		분유(모유) 총 섭취량	
취침시간			목욕시간 (체온)	
메모				

/ / day °C

	아침	점심	저녁	간식
시간				
식단				
선호도				
섭취량				

총 배변 횟수	소변		이유식 총 섭취량(ml)	
	대변		분유(모유) 총 섭취량	
취침시간			목욕시간 (체온)	
메모				

/ / day °C

	아침	점심	저녁	간식
시간				
식단				
선호도				
섭취량				

총 배변 횟수	소변		이유식 총 섭취량(ml)	
	대변		분유(모유) 총 섭취량	
취침시간			목욕시간 (체온)	
메모				

/ / day °C

	아침	점심	저녁	간식
시간				
식단				
선호도				
섭취량				

총 배변 횟수	소변		이유식 총 섭취량(ml)	
	대변		분유(모유) 총 섭취량	
취침시간			목욕시간 (체온)	
메모				

/ / day °C

	아침	점심	저녁	간식
시간				
식단				
선호도				
섭취량				

총 배변 횟수	소변		이유식 총 섭취량(ml)	
	대변		분유(모유) 총 섭취량	
취침시간			목욕시간 (체온)	
메모				

/ / day °C

	아침	점심	저녁	간식
시간				
식단				
선호도				
섭취량				

총 배변 횟수	소변		이유식 총 섭취량(ml)	
	대변		분유(모유) 총 섭취량	
취침시간			목욕시간 (체온)	
메모				

/ / day °C

	아침	점심	저녁	간식
시간				
식단				
선호도				
섭취량				

총 배변 횟수	소변		이유식 총 섭취량(ml)	
	대변		분유(모유) 총 섭취량	
취침시간			목욕시간 (체온)	
메모				

/ / day °C

	아침	점심	저녁	간식
시간				
식단				
선호도				
섭취량				

총 배변 횟수	소변		이유식 총 섭취량(ml)	
	대변		분유(모유) 총 섭취량	
취침시간			목욕시간 (체온)	
메모				

/ / day °C

	아침	점심	저녁	간식
시간				
식단				
선호도				
섭취량				

총 배변 횟수	소변		이유식 총 섭취량(ml)	
	대변		분유(모유) 총 섭취량	
취침시간			목욕시간 (체온)	
메모				

/ / day °C

	아침	점심	저녁	간식
시간				
식단				
선호도				
섭취량				

총 배변 횟수	소변		이유식 총 섭취량(ml)	
	대변		분유(모유) 총 섭취량	
취침시간			목욕시간 (체온)	
메모				

/ / day °C

	아침	점심	저녁	간식
시간				
식단				
선호도				
섭취량				

총 배변 횟수	소변		이유식 총 섭취량(ml)	
	대변		분유(모유) 총 섭취량	
취침시간			목욕시간 (체온)	
메모				

/ / day °C

	아침	점심	저녁	간식
시간				
식단				
선호도				
섭취량				

총 배변 횟수	소변		이유식 총 섭취량(ml)	
	대변		분유(모유) 총 섭취량	
취침시간			목욕시간 (체온)	
메모				

/ / day °C

	아침	점심	저녁	간식
시간				
식단				
선호도				
섭취량				

총 배변 횟수	소변		이유식 총 섭취량(ml)	
	대변		분유(모유) 총 섭취량	
취침시간			목욕시간 (체온)	
메모				

/ / day °C

	아침	점심	저녁	간식
시간				
식단				
선호도				
섭취량				

총 배변 횟수	소변		이유식 총 섭취량(ml)	
	대변		분유(모유) 총 섭취량	
취침시간			목욕시간 (체온)	
메모				

/ / day °C

	아침	점심	저녁	간식
시간				
식단				
선호도				
섭취량				

총 배변 횟수	소변		이유식 총 섭취량(ml)	
	대변		분유(모유) 총 섭취량	
취침시간			목욕시간 (체온)	
메모				

/ / day °C

	아침	점심	저녁	간식
시간				
식단				
선호도				
섭취량				

총 배변 횟수	소변		이유식 총 섭취량(ml)	
	대변		분유(모유) 총 섭취량	
취침시간			목욕시간 (체온)	
메모				

/ / day °C

	아침	점심	저녁	간식
시간				
식단				
선호도				
섭취량				

총 배변 횟수	소변		이유식 총 섭취량(ml)	
	대변		분유(모유) 총 섭취량	
취침시간			목욕시간 (체온)	
메모				

/ / day °C

	아침	점심	저녁	간식
시간				
식단				
선호도				
섭취량				

총 배변 횟수	소변		이유식 총 섭취량(ml)	
	대변		분유(모유) 총 섭취량	
취침시간			목욕시간 (체온)	
메모				

/ / day °C

	아침	점심	저녁	간식
시간				
식단				
선호도				
섭취량				

총 배변 횟수	소변		이유식 총 섭취량(ml)	
	대변		분유(모유) 총 섭취량	
취침시간			목욕시간 (체온)	
메모				

/ / day °C

	아침	점심	저녁	간식
시간				
식단				
선호도				
섭취량				
총 배변 횟수	소변		이유식 총 섭취량(ml)	
	대변		분유(모유) 총 섭취량	
취침시간			목욕시간 (체온)	
메모				

/ / day °C

	아침	점심	저녁	간식
시간				
식단				
선호도				
섭취량				
총 배변 횟수	소변		이유식 총 섭취량(ml)	
	대변		분유(모유) 총 섭취량	
취침시간			목욕시간 (체온)	
메모				

/ / day °C

	아침	점심	저녁	간식
시간				
식단				
선호도				
섭취량				

총 배변 횟수	소변		이유식 총 섭취량(ml)	
	대변		분유(모유) 총 섭취량	
취침시간			목욕시간 (체온)	
메모				

/ / day °C

	아침	점심	저녁	간식
시간				
식단				
선호도				
섭취량				

총 배변 횟수	소변		이유식 총 섭취량(ml)	
	대변		분유(모유) 총 섭취량	
취침시간			목욕시간 (체온)	
메모				

/ / day °C

	아침	점심	저녁	간식
시간				
식단				
선호도				
섭취량				

총 배변 횟수	소변		이유식 총 섭취량(ml)	
	대변		분유(모유) 총 섭취량	
취침시간			목욕시간 (체온)	
메모				

/ / day °C

	아침	점심	저녁	간식
시간				
식단				
선호도				
섭취량				

총 배변 횟수	소변		이유식 총 섭취량(ml)	
	대변		분유(모유) 총 섭취량	
취침시간			목욕시간 (체온)	
메모				

/ / day °C

	아침	점심	저녁	간식
시간				
식단				
선호도				
섭취량				

총 배변 횟수	소변		이유식 총 섭취량(ml)	
	대변		분유(모유) 총 섭취량	
취침시간			목욕시간 (체온)	
메모				

/ / day °C

	아침	점심	저녁	간식
시간				
식단				
선호도				
섭취량				

총 배변 횟수	소변		이유식 총 섭취량(ml)	
	대변		분유(모유) 총 섭취량	
취침시간			목욕시간 (체온)	
메모				

/ / day °C

	아침	점심	저녁	간식
시간				
식단				
선호도				
섭취량				

총 배변 횟수	소변	이유식 총 섭취량(ml)
	대변	분유(모유) 총 섭취량
취침시간		목욕시간 (체온)
메모		

/ / day °C

	아침	점심	저녁	간식
시간				
식단				
선호도				
섭취량				

총 배변 횟수	소변	이유식 총 섭취량(ml)
	대변	분유(모유) 총 섭취량
취침시간		목욕시간 (체온)
메모		

/ / day °C

	아침	점심	저녁	간식
시간				
식단				
선호도				
섭취량				
총 배변 횟수	소변		이유식 총 섭취량(ml)	
	대변		분유(모유) 총 섭취량	
취침시간			목욕시간 (체온)	
메모				

/ / day °C

	아침	점심	저녁	간식
시간				
식단				
선호도				
섭취량				
총 배변 횟수	소변		이유식 총 섭취량(ml)	
	대변		분유(모유) 총 섭취량	
취침시간			목욕시간 (체온)	
메모				

엄마도 아이도 즐거운 이유식 다이어리

Homemade Baby Food Diary : for Happy, Healthy Baby

초판 발행 · 2020년 7월 20일

지은이 · 소유진
발행인 · 이종원
발행처 · (주) 도서출판 길벗
출판사 등록일 · 1990년 12월 24일
주소 · 서울시 마포구 월드컵로 10길 56 (서교동)
대표전화 · 02) 332-0931 | **팩스** · 02)323-0586
홈페이지 · www.gilbut.co.kr | **이메일** · gilbut@gilbut.co.kr

편집팀장 · 민보람 | **기획 및 책임편집** · 서랑례(rangrye@gilbut.co.kr) | **디자인** · 신세진 | **제작** · 이준호, 손일순, 이진혁
영업마케팅 · 한준희 | **웹마케팅** · 이정, 김진영 | **영업관리** · 김명자 | **독자지원** · 송혜란, 홍혜진

교정 · 추지영 | **이유식 칼럼** · 김은미
CTP 출력 · 인쇄 · 제본 · 상지사

ISBN 979-11-6521-225-4(13590)
(길벗 도서번호 020157)

정가 15,000원

독자의 1초까지 아껴주는 정성 길벗출판사
(주)도서출판 길벗 | IT실용, IT/일반 수험서, 경제경영, 취미실용, 인문교양(더퀘스트) www.gilbut.co.kr
길벗이지톡 | 어학단행본, 어학수험서 www.eztok.co.kr
길벗스쿨 | 국어학습, 수학학습, 어린이교양, 주니어 어학학습, 교과서 www.gilbutschool.co.kr
페이스북 · www.facebook.com/gilbutzigy | **트위터** · www.twitter.com/gilbutzigy